开窍 开悟 开智

吉昊 —— 著

北方文藝出版社

图书在版编目（CIP）数据

开窍　开悟　开智 / 吉昊著 . -- 哈尔滨：北方文艺出版社，2024.12（2025.4重印）. -- ISBN 978-7-5317-6470-0

I . B848.4-49

中国国家版本馆 CIP 数据核字第 2024C4R522 号

开窍　开悟　开智
KAIQIAO KAIWU KAIZHI

著　　者 / 吉　昊	
责任编辑 / 邢　也	封面设计 / 曹柏光

出版发行 / 北方文艺出版社	邮　编 / 150008
发行电话 /（0451）86825533	经　销 / 新华书店
地　址 / 哈尔滨市南岗区宣庆小区 1 号楼	网　址 / www.bfwy.com
印　刷 / 三河市金兆印刷装订有限公司	开　本 / 710mm×1000mm　1/16
字　数 / 131 千	印　张 / 12
版　次 / 2024 年 12 月第 1 版	印　次 / 2025 年 4 月第 3 次印刷
书　号 / ISBN 978-7-5317-6470-0	定　价 / 49.80 元

有
YOU DU
度

有温度，有态度，有深度
Warmth, Attitude, Depth

前 言
PREFACE

为什么有些人可以看到财富机会，却始终抓不住？

为什么有些人寒窗苦读，博览群书，金榜题名，步入社会后却总是一地鸡毛？

为什么有些人分析问题时头头是道，解决问题时却漏洞百出？

为什么有些人打拼多年，事业仍然没有起色，收入勉强维持生活，瓶颈无法突破，受人轻视，亲友疏离，感觉人生无望，生活没有意义？

为什么那些我们觉得，本该在努力和苦难加持下实现的目标，却一直遥遥无望？

究其根源，是我们对多数事物的认知仍然只处于表层，我们根本没有弄清这个社会运行的隐藏规则和底层逻辑。

事实上，个人成长的本源，不是努力，努力，再努力，而是认知，认知，再认知。

个人进阶的关键，不是知道和理解，而是判断，再判断，选择，再选择。

认知准了，判断就对了；选择准了，事就成了。你的认知，决定了你的个人价值和社会地位。

任何时代，财富和地位，都是对认知的反馈和变现。你如今所赚到的每一块钱，都是世界对于你个人认知的奖赏，而你之所以赚不到更多的钱，做不了更大的事，只是因为你对这个世界的认知还很片面，是自己的认知对自

开窍　开悟　开智

己的思维进行了严密设限。

当思维变得迟缓或陷入惯性之中时，人就会在认知新事物时遭遇一种定式效应——以既有的固定观念为基准，去理解和接纳新的社会现象。这种状态，我们称之为"心理定式"，它在日常中体现为"想当然"。在"想当然"的作用下，思维模式导致了自我设限。

一旦陷入自我设限，个体的认知能力与行为就会受到制约，导致我们在固定的思维模式中重复着错误的决策、判断与选择，很难再实现新的成长与突破——不进则退。

这时，你如果还想跨越圈层，财富进阶，升级地位，就需要大幅度清洗自己的认知方式，以新的视角去重新审视这个世界运行的底层逻辑。这要求我们：

提升认知：拉高思维维度，以未来的视角审视当下，洞悉趋势。

确定方向：以终为始，深入挖掘并明确自己独一无二的价值定位。

找准痛点：精准聚焦特定群体，切中核心场景，着力解决关键问题。

磨炼心性：洞悉人性，了解人情，锻炼意志，造就气场。

把握机遇：紧跟时代步伐与趋势，找到自己的独特优势，伺机而动。

突破自我：跳出圈层做事，雷厉风行，成为一个真正的人物。

也就是说，你需要好好读一读《开窍　开悟　开智》！

本书从认知、哲理、人情、规律、规则、趋势、战略、方法、心性、应对十大层面，对关系到人们生活方方面面的底层逻辑、生存法则、资本思维、财富算法、情感本质、职业陷阱等制约普通人打破圈层的关键因素，进行了针针见血的深刻阐述，力求帮助读者提升生存认知，打造战略思维，看懂未来趋势，学会破局方法，成为一个很厉害的破圈精进者。

目　录
CONTENTS

辑一　反幼智
你一心向上却寸步难行，是因为心智未成熟

第 1 章

先天条件 + 不开窍，等于固步自封

差距真相：觉醒要趁早	002
远离财富的三大缺点	004
认知黑洞：人是怎样慢慢把自己荒废的	005
颠覆认知：什么人难成大器	008
如何更好地了解世界真相	009

自我透视：如何找到自己的天赋领域　　　　　　　　010

成功背后有序可循　　　　　　　　　　　　　　　011

人生规划：避免盲目的个人努力　　　　　　　　　016

利弊抉择：抢救离门口最近的那幅画　　　　　　　017

坚定信念：要始终向往顶尖的位置　　　　　　　　018

不敢尝试就什么都没有　　　　　　　　　　　　　019

第 2 章

幼智导致情绪化，高智必然理性化

为什么普通人活得那么累　　　　　　　　　　　　021

坦然豁达：人的心胸都是委屈撑大的　　　　　　　022

永远不要试图与人性对抗　　　　　　　　　　　　023

大成者必经阶段：超脱情感，明辨取舍　　　　　　024

自卑的死结：缺少体验又不敢试错　　　　　　　　025

精神内耗：抱怨是喷向自己的口臭　　　　　　　　026

蓄神养心：身弱的人担不起财　　　　　　　　　　027

不要让任何人觉得自己可怜　　　　　　　　　　　030

闻过则喜，闻斥则醒　　　　　　　　　　　　　　031

目 录

成功者是被筛选出来的　　　　　　　　　　　032

催人砥砺前行的九段话　　　　　　　　　　　033

辑二　悖逆式生长
跳不出被设定的模式，就只能做廉价的差事

第3章
越虚荣越想要面子，高手看到的是价值

面子问题：想明白就脱胎换骨了　　　　　　　038

不要让人为设定束缚你的思维　　　　　　　　040

庸人心病：这件事对我不公平　　　　　　　　041

所谓成熟：普通人做好这三件事就够了　　　　043

不怒自威是怎样练成的　　　　　　　　　　　044

心态制胜：如何稳住自己，更胜一筹　　　　　045

顺势借力：贵人助你逆风翻盘　　　　　　　　046

让别人在你身上找到成就感 047

换道赛车：努力扩展"弱联系" 048

卓越基因：成功者自带一身"霸气" 051

运势拐点：人的大运来临是有前兆的 052

第 4 章
不懂"反限制"做事，就别想破圈精进

并行不悖：这个世界运行两套规则 054

如何避免越努力反而越不幸 056

自我捆绑：中产的局限性 057

示范效应：从身边寻找成功榜样 058

领域知识：降维打击，或被降维打击 062

价值的产生：把人情功夫做好 063

做喜欢的事才有成功的热情 068

辑三　财富与控运
财富是对认知的奖励，不是对吃苦的补偿

第 5 章
赚钱必须先富脑，脱困只能先脱俗

钱也有认主的固定特质	072
不要让糟糕的思维代代相传	074
我们常被困在规则里	076
不要做一个羞耻心太重的人	077
有钱人拥有赚钱的正能量	078
想赚大钱需要研究什么	080
买卖的底牌：创业必须知道的商业思维	081
逆势生长：吸金体质是怎样练成的	082
有钱人不外传的"赚钱铁律"	084

一定要学会在生活里自带财气　　　　　　　　　089
生存空间：弱势者一定要知道的丛林法则　　　092

第 6 章
未来十年，要像"卖杧果"一样赚钱

深析盈利，才能轻松获利　　　　　　　　　　095
赚钱的心诀：把握人性，正确输出　　　　　　097
未来十年我们拼什么　　　　　　　　　　　　099
领域游戏：饱和行业和不饱和行业　　　　　　101
创业必须熟记五条军规　　　　　　　　　　　102
深耕：如何在行业内成为权威人物　　　　　　105
行业竞争中力挫对手的几个要点　　　　　　　106
为什么有人吃肉，有人喝汤　　　　　　　　　107
网赚：有没有什么办法可以年入百万　　　　　108
躺赢：找到那些能为你赚钱的人　　　　　　　111

辑四　房子和票子
洞悉趋势，让财富滚雪球

第 7 章
别以为读过几本工具书，就可以投资赚钱了

获利的前提：普通人要脚踏实地	114
成功投资的关键是什么	115
大象无形：从《道德经》看投资	117
趋势与波动：顺势者昌，逆势者亡	119
核心要素：如果看准，即刻下注	121
逆向思维：想赚钱就要不走寻常路	122
要明白估测的不可靠性	123
杠杆原理：一面天使，一面魔鬼	126
摆脱初学者对低价股的误解	129
如何防止股票被套牢	131
巴菲特语录：你所经营的不只是投资，更是人生	134

第 8 章

抓住房地产的创富机会

购房者不可使用炒股思维	137
悖论：房价波动对自住者没有影响	139
房租大涨时代或许即将来临	140
买房要有开发商思维	141
如何拿捏买房的好时机	143
什么样的房源才是首选	144
贷款买房：选择长期贷还是短期贷	147
一步一坑：细数无良中介的交易陷阱	149

辑五　生活博弈论
吃透关系的底层逻辑，交往的本质就是价值互利

第 9 章

点透爱情：是什么让伴侣在一起，又是什么在破坏关系

同步价值观，关系稳定的核心	156

不对等的付出，关系天平摇摇欲坠　　　　　　　157

好的关系，就是深知彼此的价值所在　　　　　　159

不懂提供情绪价值，爱情无疾而终　　　　　　　160

如何与有公众身份的人谈一场好恋爱　　　　　　161

长久的爱，要永远有初恋般的热情　　　　　　　162

即使你侬我侬，也要和而不同　　　　　　　　　164

第 10 章
职场真相：耽误你的不是能力，而是工作方法

努力的结果，通常由选择决定　　　　　　　　　165

跟随一个好领导，更有机会大展身手　　　　　　167

不可莽撞做事，记住该守的规矩　　　　　　　　170

做人要灵活一点，知进知退　　　　　　　　　　172

工作别怕犯错，错误是成长的机会　　　　　　　175

精进的前提，是比别人多一点付出　　　　　　　176

辑一

反幼智

你一心向上却寸步难行，
是因为心智未成熟

第 1 章
先天条件 + 不开窍，等于固步自封

差距真相：觉醒要趁早

有些认知是与生俱来的，那些来自好条件家庭的孩子，在父辈的庇护下耳濡目染，从小便开始在复杂的环境中历练提升。他们七八岁时刚刚懂事，就开始在家族的氛围中汲取智慧，早早地完成了试错的过程。等到他们成年时，只要不是挥霍无度的纨绔子弟，基本上都对家族的那套运作方式了如指掌。这就像是在水中泡大的孩子，怎么可能不会游泳呢？

相比之下，普通家庭的孩子在二十多岁时往往还处于懵懂的状态。他们可能因为工作等原因刚刚开始觉悟，而且大多数人从小被灌输了太多错误的观念，长大后需要花费大量的时间和精力去清理这些错误的认知，很多人甚至因此形成了固化的思维模式，难以打破。

辑一　反幼智
你一心向上却寸步难行，是因为心智未成熟

我们不难发现，有一个普遍的现象：越是富裕家庭的孩子，往往越自信、阳光，他们懂得变通，能够随机应变地抓住机遇。而穷人家的孩子则往往自卑、敏感，显得懦弱而固执，常常认死理，难以跳出自己的思维定式。

普通人通常在35到40岁这个年龄段才会逐渐明白社会运行的真相和逻辑，但这个时候的他们往往已经被生活的重压所困，无力挣扎。而上流家庭出身的人，在二十几岁时就已经洞悉了这一切，而且他们无须付出过多的试错成本。这一切都是因为他们站在了巨人的肩膀上，用几代人的智慧浇灌出了他们的高起点。

人生最大的浪费不是金钱的浪费，而是时间的浪费和认知的滞后。说得更直白点吧，普通人在二十出头的年纪，往往还没能意识到青春本身就是一种极其宝贵的资源。他们不明白，青春不仅是璀璨的年华，更是积累金钱和提升能力的重要时期。男性在这个阶段容易找到工作，女性则拥有众多追求者，但很多人却在这一时期挥霍青春，没有好好把握机会去提升自己。

一旦到了35岁，生活的重压开始显现。男性可能会失去职场上的优先权，女性则可能不再有那么多追求者。与此同时，长辈的健康问题、子女的教育问题都接踵而至，这时，他们才如梦初醒，意识到金钱和权力在社会认知中的重要性。但遗憾的是，由于他们晚醒了十几年，已经远远落后于那些早期就开始觉醒并努力积累的人。

通常情况下，普通家庭出身的孩子在社会认知上往往比富裕家庭的孩子要晚熟。这是因为他们的长辈也大多是在摸索中前行，能够意识到

开窍　开悟　开智

读书的重要性并鼓励孩子读书就已经很不错了。只有少数天赋异禀、运气爆表的孩子，才会在年纪轻轻时在社会认知上早早觉醒。

世界是残酷的，它不会因为你的无知和迟钝就对你手下留情。因此，越早醒悟越好，越早提升自己在社会中的地位和影响力，就越能在未来的竞争中占据有利地位。

远离财富的三大缺点

很多人即使努力一生也难以实现财富自由。这背后的原因其实并不复杂，主要就三点：1. 犟；2. 空想；3. 回避风险。

什么是犟？就是固执己见，总觉得自己才是对的，别人都是错的，缺乏开放和包容的心态。但真正懂得赚钱的人，他们更加注重实效，只要能增加财富，他们会虚心接受各种意见和建议。如果一个人无法接受新的观念和知识，那么他的生活只能原地踏步了。

而空想，则是另一种极端。它指的是一个人总是沉浸在不切实际的想象中，期待着天上掉馅饼，却不愿意付出实际的努力去实现自己的目标。空想者往往忽视了成功需要脚踏实地、努力拼搏的道理，他们只看到了表面的光鲜亮丽，却没有看到背后的艰辛付出。

回避风险，则是一种缺乏勇气和担当的表现。在面对挑战和机遇时，回避风险者往往选择逃避，而不是勇敢地去面对和解决问题。他们害怕失败，害怕承担责任，这导致他们无法抓住机遇，也无法发现自己的潜力。

不妨对照一下你自己，现在应该明白，为什么会贫穷了吧？

认知黑洞：人是怎样慢慢把自己荒废的

在很多港口城市，都有一种独特的"早酒文化"盛行，那里的人们清晨便会饮上几杯烈酒，配以高脂肪高碳水的早餐，餐后再回家睡觉。

这种文化与早期的码头劳力有关。码头工人在深夜辛勤劳作，卸下一船又一船的货物，直至黎明破晓。一夜的疲惫之后，他们急需一种方式来安抚身心，于是，清晨的烈酒便成了他们的救赎。长此以往，喝早酒便成了他们的一种生活习俗，一种深入骨髓的文化。

然而，这样的生活方式无疑是对身体的极大摧残。工人们对此心知肚明，但生活的重压让他们别无选择。在这苦涩的生活中，清晨的烈酒仿佛成了他们唯一的慰藉，是他们能够继续前行的动力。每当有人劝他

开窍　开悟　开智

们戒酒，他们总是以"这是我唯一的乐趣，若戒了，生活还有什么意义"作为回应。

我们与这些码头工人并无二致，大多数人的工作都充满了单调与重复，仿佛是被诅咒的西西弗斯，永无止境地推着巨石上山。长时间沉浸在这种无尽的循环中，人的生命力会被逐渐消磨，不得不寻求一些简单的娱乐来寻找生活的乐趣。于是，下班后的我们沉迷于综艺节目、短视频与电子游戏，而非投身于学习。

当工作中的枯燥与业余时间的娱乐达到一种微妙的平衡时，任何试图打破这种平衡的行为都会变得令人难以忍受。例如，当你决定放弃这些低级娱乐，转而在业余时间学习新技能或开展副业时，你会发现工作中的压力与疲惫无法得到缓解。同时，涉足新的领域也会带来新的挑战与压力，这两者相互叠加，使人们难以持之以恒。这或许便是大多数人自我提升计划屡屡失败的根本原因。

深陷这种困境，学习变得举步维艰，创业之路又似乎迷雾重重。这就像是被困于一个透明的玻璃罩中，虽然四周看似有无数的逃脱之路，但每一次的尝试都只能是徒劳无功。

随着时间推移，个体逐渐被环境所"驯服"，这是为了生存而不得不做出的妥协，是为了适应那种令人痛苦但又难以摆脱的生活。这种适应的代价却是沉重的，它意味着个体必须牺牲自己的灵性与学习能力。那些喝早酒的码头工人，在年轻时或许也曾对这样的生活方式感到陌生和不适。但人的生命力是顽强的，他们逐渐学会了用一斤劣质白酒来驱散一夜的疲惫，用短暂的睡眠来恢复体力，然后继续面对艰难的生活。

辑一　反幼智
你一心向上却寸步难行，是因为心智未成熟

随着时间的流逝，他们开始接受并习惯了这样的生活，甚至觉得这样的日子也能过得去。

然而，"过得去"这三个字却隐藏着巨大的隐患。当你开始降低生活标准的时候，就意味着你已经放弃了追求更好的可能。或许在你眼中，这样的生活充满了艰辛，但对于那些已经习惯了此种生活的人来说，他们已经感受不到痛苦与挣扎。这种适应背后的代价是个体对生活的感知和追求的逐渐钝化。

从某种视角来看，这种"固化"似乎并非全然无益，至少，它能淡化痛苦。然而，人的行为，究其根本，皆受情感所驱动，所有的奋斗，都源于对现状的不满足。若痛苦不再刺痛，艰难不再难耐，人便会选择随波逐流，生活的无限可能也因此消磨殆尽。

当你的思维、情绪和技艺与周遭环境交织融合，无论外在环境如何严酷，它都已成为你的安逸之所。此时，任何变迁，无论自发或被迫，都会打破这份安逸，带来不适。

电影史上的杰作《肖申克的救赎》对"思维固化"的描绘深入人心：起初，你对高墙满怀恨意；随后，你开始习惯它们的存在；最终，你竟变得无法离开它们。

显然，一旦被"思维固化"侵蚀，个体的精神可能会逐渐萎靡，因为这个旋涡深不见底，单凭一己之力难以挣脱。更糟糕的是，你周围的人或许也已深陷"思维固化"的泥沼，他们无力向你伸出援手。因此，我们必须在陷入这个无法自拔的旋涡之前，采取行动。

开窍　开悟　开智

颠覆认知：什么人难成大器

一个思想与行为不同步的年轻人往往容易一事无成。

因为他的内心已经超越了他的年龄，灵魂走在了身体的前面。请记住这样一句话：如果你没有能力践行所领悟的道理，那么这些道理只会成为你内心的负累，懂的越多，内心的撕裂感越强，活得就会越辛苦。有些人很小的时候便开始思考生命的意义，他们不屑与平庸为伍，能迅速洞察现象背后的本质，洞悉社会运行的法则。然而，这种敏锐与洞察也会反噬他们，构筑的精神殿堂愈发高耸辉煌，心中的欲望、恐惧与失望也随之膨胀。知晓的越多，渴求的越多，畏惧的就越多，生活的灰暗和无力感便愈发使人痛不欲生。

这种错综复杂的思维方式，往往导致行动力的衰退。思想不断叠加，行动却日渐减少。因为每时每刻，他们都会驻足回顾与质疑，最终发现自己被困于思维的桎梏，动弹不得。这便是思想上的自我困扰，聪明反被聪明误。

所以，不要总是觉得自己思想深刻，思想是会随着境遇转变而变化的。你须俯下身来，去实践那些自以为已然领悟的小事，去历练，去积累，去接触这个世界，去亲身体验社会的脉搏。若你感到思想停滞，那定是思想走得太快，身体却未能跟上。你需要等待身体的觉醒，将时间投入实践之中，如此，你的思想方能更进一步。这两者永远相辅相成，缺一不可。

辑一　反幼智
你一心向上却寸步难行，是因为心智未成熟

如何更好地了解世界真相

1. 深读历史书籍，重在领悟其内在逻辑，而非单纯沉浸于故事情节。历史总在重演，千年轮回，规则皆在其中，不过是循环往复的篇章。

2. 财富总是流向富有者，而苦难则往往由那些能够承受苦难的人来承担。

3. 人初生时，虽无知，却非愚昧。真正的愚钝，是后天环境熏陶下的产物。

4. 探寻幸福生活的艺术，才是人生终极的课题。其余一切，不过是为此目标服务的手段，而非目的本身。

5. 面对反常、超预期、难以理解的事件，我们不必急于排斥。这些都是我们校准世界观、提升认知的宝贵机会。

6. 常人在面对难以理解的复杂局面时，往往逃避深度思考，转而采用简单的道德评判。他们心安理得地将难以理解的人和事归为"异类"，以此自我满足。所以对于别人的评价，你其实不必太过理会。

7. 世间万物，鲜有骤然而至。所谓突然，只是我们的后知后觉，其实它早已酝酿良久。

8. 什么是真相？越是舆论鼓吹的事物，你越应该往它的对立面看看。

开窍　开悟　开智

自我透视：如何找到自己的天赋领域

1. 自我觉察

首先，深入了解自己。回想自己在成长过程中，哪些事情做起来既快速又出色，而且毫不费力。这些事情往往指向我们潜在的优势和天赋。

2. 自我效能

接下来，关注那些你认为自己能够做好的事情。这种自信可能源于你尚未意识到的天赋。当我们在某个领域表现出色时，自我效能感会增强，推动我们继续努力。

3. 成就体验

寻找那些能让你持续感到愉悦和有成就感的活动。这些活动不仅能带给你快乐，还能让你在过程中不断成长和提升。

4. 明确方向

将上述步骤中识别出的事情记录下来，并尝试合并相似项。基于市场需求和个人热情，筛选出你最想从事的领域，并确定一个核心的天赋项。

5. 持续投入

将天赋转化为优势需要时间和努力。设定明确的目标，并制订实现这些目标的计划和时间表。同时，设计有效的反馈机制，以便及时调整策略并保持动力。

6. 价值追求

为了取得更大的成功，需要为自己的工作找到更深层次的价值和意义。这将帮助你在面对挑战时保持坚定的信念和充沛的动力。同时，不断学习和成长，以应对各种挑战和机遇。

通过以上步骤，我们可以清晰地设定目标并走出迷茫，最终实现个人的成长和成功。

成功背后有序可循

我们必须认识到，社会上显著的信息差距是客观存在的。有些对事业发展至关重要的理念，不同人在不同阶段才有所领悟：有人在中学时期就已洞悉，有人在大学期间开始接触，有人在毕业后的 5 年内逐渐理解，而有人直到三四十岁才恍然大悟，甚至有人到了五六十岁仍然一无所知。虽然领悟的时机并无定序，但晚悟者或许会错失众多机遇，最终只能将这些经验传授给子孙。

然而，这往往并不奏效，因为如果自己终其一生一事无成，"成王败寇"的社会观念会使子孙们对此嗤之以鼻。若我们在年轻时便能系统地学习这些知识，那么无疑能够规避许多不必要的曲折。

对于那些出身世家或精英家庭的孩子来说，他们可能从小就通过日常熏陶自然理解了那些对事业有益的理念，而无须刻意教授。一些特殊

开窍　开悟　开智

的家族甚至会将世代积累的人生智慧编撰成书，以供后人学习。市面上流传的各类"家书""家训"仅仅是这种深厚传承的冰山一角，更多宝贵的智慧依旧在家族内部秘密传承。

1. 自我救赎，顺应天道

许多职场人抱有遇到明主或依赖强者的心态，他们过度依赖"他救"而非"自救"，这往往导致他们一无所成，感到才华被湮没。实际上，"自救者天救"才是真正的规律。通过提升自身素质、优化能力、展现出色的业绩，以及坚决维护自己的合法权益来求得发展，这样成功的概率才会显著提升。

2. 横向拓展，丰富职业履历

在职场中，大多数人的困扰和疑虑都惊人地相似。倘若我们能常与亲友同学交流，分享各自的心得与体验，便能从横向角度极大地丰富自己的人生阅历，从而少走许多弯路。这样，我们的职业发展就会如同驶入高速公路，前途自然会更加光明与远大。

3. 偏才与全能的抉择

随着岁月的流转，我们或许会在某一职位上愈发专业，却也可能因此走向偏才之路，以至于除此之外，别无所长。此刻，我们应深刻反思，探寻所需补充的营养，优化自身能力结构，以确保职业生涯的稳固与安全。

4. 规则之下的公平妥协

每个领域都有其独特的规则，这些隐形的规则或许不尽合理。但一旦触碰这些规则，即便只是轻轻捅破那层薄如蝉翼的界限，也可能导致你在这个圈子中难以立足。

辑一 反幼智
你一心向上却寸步难行，是因为心智未成熟

5. 说服与改变的挑战

世间两大难事，莫过于改变自我与说服他人。每个人对观念的理解与接受，都需基于一定的认知与过程。即便你所言为真理，也勿奢求他人即刻接受。保持平常心，持续沟通，逐步渗透，方为上策。

6. 知识储备的价值

不少人缺乏知识与能力的储备意识，认为未来方向未定，现在所学将来或许无用，因而恐惧做无用功。然而，若无提前的储备，良机恐将与你擦肩而过，前途自然受限。

7. 构建方法论的价值链条

与其沉溺于对问题的抱怨和批评，不如致力于探寻并实施切实可行的解决方案。成功者与失败者之间的差异，往往并不在于对问题本身的认识深浅，而在于能否提出有效的对策，并将其转化为坚决的执行力。

8. 发掘职业积淀的深厚财富

随着时间的流逝，我们理应为自己积累一些宝贵的资源，无论是人脉网络、工作经验、资金储备，还是个人的深刻感悟。这些积淀需要经过精心加工，才能转化为推动我们成长和发展的重要资产。

9. 仰望星空与脚踏实地

要成为真正的人才，必须做到"顶天立地"。这意味着我们既要洞悉所处环境的整体格局、发展动态及未来趋势，又要具备扎实从事具体工作的专业能力，并在实践中不断领悟其精髓。唯有如此，我们才能在职业生涯中游刃有余，进退自如。

10. 量身定制的职业规划与动态调整

开窍　开悟　开智

在制定职业生涯规划时，最重要的是基于自身特点进行量身打造，而非盲目追随潮流或追求时尚。轻率行事可能导致时间的浪费和重大的挫折，甚至可能一蹶不振，前途尽毁。寻找适合自己的发展道路至关重要，而非仅仅追求眼前看似辉煌的选择。

11. 集体共进，抱团成才

在职业道路上，携手身边的同事与朋友共同前进，集体追求成长，这无疑是一种深具智慧的选择。此举不仅能缔造和谐的人际关系与成长环境，更能显著提升和优化你的人脉网络，从而汇聚成一股强大的力量。

12. 缺憾，完美的另一种诠释

在职场中，过度的完美反而可能产生距离感。若你表现得无懈可击，他人或许会对你保持敬畏，难以亲近。而适当地展现一些瑕疵，偶尔与他人发生些微的冲突，反而会让你更显得有血有肉，更易于拉近人与人之间的距离。

13. 业余时间，人生的另一片天地

仅凭工作中的经历，难以丰富一个人的人生阅历。要获得更深刻的历练，还需精心经营业余时间，并积极拓展与优化人脉资源。当我们在业余时间涉猎更广泛的活动，结交更多的朋友，我们的阅历与悟性自然也会成倍增长。

14. 稳定是幻觉，变革是常态

无论身处何种环境，永恒的稳定都只是一个遥不可及的幻想。因此，未雨绸缪、苦练内功显得尤为重要。只有掌握一技之长，我们才能在竞争激烈的职场中脱颖而出。安于现状、沉溺于舒适区，无疑是职业发展中的大忌。

15. 创造力的沉淀与升华

务必鞭策自己养成细致观察和深刻思考的习惯，随时捕捉并记录你的所见、所闻与所思。以这些珍贵的素材为基础，定期进行梳理与提炼，使其逐渐系统化。这一过程对你的未来发展具有深远意义，同时也是培育创造力的重要途径。

16. 人脉资源的适时开发

在职业生涯中，脚踏实地地积累经验、锤炼专业能力，以及掌握娴熟的人际关系技巧，都是成功的关键。然而，过早地开发人脉资源，可能会干扰到经验和能力的深层积累，影响历练的质量，最终与理想状态渐行渐远。

17. 先就业后择业的智慧抉择

个人的职业生涯轨迹，常常深受首份工作的影响，且转变的难度颇大。不论因何缘由踏入某个领域，久而久之，都会形成对该领域的依赖。面对此情境，我们或许应当明智地选择在此方向上持续积累经验与资源，为未来的职业发展奠定坚实基础。

18. 行业的锚定与职场的进退

将自己牢牢定位于某一行业，而非某个具体企业，更注重在行业内部打造核心竞争力，这样才能在职场中进退自如。因此，无论身处何种平台，都应竭尽全力去深入了解这个行业，见证其变迁历程。数年后，你的身价自然会成倍增长。

19. 信息的交互与价值

信息的真正价值在于交互。单向地从书籍、网络或其他渠道获取信息，即便数量再多，也意义有限。因为缺乏交互，你对信息的理解和领悟很可能与实际存在巨大偏差。这样的"信息"算不上真正的信息，甚至可能引导你走向错误的方向。

20. 理想需以实际步骤为基石

职场中有些人常常过于强调目标的重要性，却忽视了实现这些目标所需的具体步骤和措施。一个缺乏详细可行计划的理想，就像是一座没有根基的空中楼阁，从一开始便注定了失败的结局。

人生规划：避免盲目的个人努力

国人普遍存在的一个问题，便是盲目地依赖"个人拼搏"。在海外，求职者面试时，常被问及："请设想三年后（或五年后），你个人职业发展的蓝图是怎样的？"若将此问题置于国内情境，恐怕不少应聘者会感到难以作答。究其原因，多在于我们倾向于认为未来充满变数，谁能准确预知三五年后的光景呢？

然而，事实并非如此。人生宛如竞技场，仅凭一腔热血远远不够，还需有明确的规划，深思熟虑，避免盲目奋斗，因为盲目努力往往等同于浪费与挫败。

"人生规划"的理念，应如冰晶般清晰，贯穿于生命的每一刻。其核心理念在于，个人的努力不应是盲目的，也不能完全依赖于家长和老师的指导，而应根据个人的才能、梦想以及对形势的理性分析来设定目标。并且，这个目标并非固定不变，而是可以根据实际情况进行适时调整的。

每个人的职业生涯都需要周密的规划，不可盲目努力。有些人只知道埋头苦干，却缺乏规划。事实上，这种无目标的工作，无论多么勤奋，都难以取得实质性的进展。五年、十年过去后，你可能会发现自己仍在原地打转。

利弊抉择：抢救离门口最近的那幅画

若卢浮宫不幸遭遇火灾，仅能救出一幅画作，你将如何选择？——这是法国一家著名报纸向公众抛出的有奖问题。面对此题，众说纷纭，大多数人倾向于拯救达·芬奇的《蒙娜丽莎》，无疑，他们是在挽救自己心目中价值最高的艺术品。

开窍　开悟　开智

然而，著名作家贝纳尔却给出了一个别出心裁的答案："我会抢救离门口最近的那幅画。"这一回答显得尤为睿智！在熊熊烈火之中，要寻觅并抢救出最具价值的画作，其难度可想而知。或许还未及成功，抢救者便已被火舌所吞噬。即便有幸全身而退，谁又能确保那幅画未受火灾之害呢？相比之下，虽然离门口最近的那幅画未必价值连城，但抢救它的成功率无疑是最高的。

在追求目标的过程中，我们也常常陷入"大多数人"的误区。我们满怀壮志、激情四溢，却往往忽视了目标在当前阶段的可行性，最终只会导致精力徒耗，事倍功半。

我们无需也不应一开始就过分追求目标价值的最大化。明智的做法是先抢救离门口最近的那幅画，从最容易实现的目标入手，循序渐进，不断探索、攀登与追逐。如此，总有一天你会达到自己预想的高度。到那时，你便会明白，只有顺理成章，方能水到渠成。

坚定信念：要始终向往顶尖的位置

人类的发展、社会的进步，都是在追求的推动下进行的。单从个体的角度上说，追求影响着人生。富有追求意识的个体能够激发潜能。我们知道，潜能是无限的，但人类安于现状的惰性同样很大，在思维里加入某种追求，能够督促我们改掉懒散、不思进取的习惯，从而促进潜能的释放。一个人，如果能够积极地去追求卓越，就一定能够拓展人生的宽度和深度。

铁娘子撒切尔的父亲就总是告诉她："无论什么时候，都不要让自己落在别人的后面。"撒切尔夫人牢牢记住父亲的话，每次考试的时候她的成绩总是第一，在各种社团活动中也永远做得最好，甚至在坐车的时候，她也尽量坐在最前排。后来，撒切尔成了英国历史上第一位女首相。

如果人没有追求，没有"争第一"的念头，就不会有所作为。

无论你在什么行业，有什么样的技能，都应该向往和争取顶尖的位置。追求卓越的品质，不仅造就各个领域的杰出人物，也促使每一个普通人在未来创造奇迹。

不敢尝试就什么都没有

人生仿佛一场挤火车的旅程，初登车时，你会感到拥挤不堪，但只要你愿意在人群中穿梭，晃荡间总能觅得一处较为宽松之地，甚至幸运地寻得一个座位。

开窍　开悟　开智

对于常坐火车的人来说，节假日里买不到有座票是家常便饭。然而，总有些人，不论车上多么拥挤，他们总能悠然自得地找到座位。这究竟是何故呢？

其实，答案简单明了：他们总是耐心地一节车厢一节车厢地寻找座位。这个方法看似平凡无奇，却异常实用。他们每次都做好了从车头走到车尾的准备，但往往无须走到尽头就能找到座位。

这是因为，真正有耐心去寻找座位的人寥寥无几。通常，在他们找到座位的车厢里，还剩下一些空位，而其他车厢的过道和车厢连接处则人满为患，甚至连卫生间都挤满了人。其实，大多数人都被一两节车厢的拥挤表象所迷惑，没有意识到在火车的一次次停靠中，十几个车门上上下下的乘客流动中，蕴藏着许多提供座位的机会。即便有人想到了这一点，也往往缺乏持续寻找的耐心。他们满足于脚下的立足之地，担心万一找不到座位，回头连个站得舒服点的地方都没有了。

那些不愿主动寻找座位的人，往往只能一路站到底，这就像那些安于现状、害怕失败的人一样，永远停留在生活的混沌之中。相反，如果你勇于追求最好的，那么你往往会得到最好的回报。

辑一　反幼智
你一心向上却寸步难行，是因为心智未成熟

第 2 章
幼智导致情绪化，高智必然理性化

为什么普通人活得那么累

生活的疲惫，源于我们背负的太多。

其实，如果你无所顾忌，你也可以像有些人那样，一周的薪水到手便去玩耍，不挥霍殆尽不罢休；你也能像有些人那样，在大学期间，就周游列国；你也能如有些人一般，将恋爱进行到底……在有些地方，社会对个体的评价显得并不那么重要。只要不侵犯他人，你尽可以随心所欲，贫穷或富贵，都有各自的快乐可寻。那里的人们对彼此的期望与要求更为宽容，生活的压力自然也小了许多。在很大程度上，他们的生活更多是为了自己。

但是，在我们这里，又有多少人能够真正做到抛却一切，只为追寻内心的快乐呢？恐怕大多数人都做不到。其实，金钱并非阻碍我们追求梦想的真正障碍，周围人的评价才是我们难以逾越的心坎。若你随心所欲地生活，周围人马上就会对你指指点点，说你自私、说你吊儿郎当，说你没出息，指责你不孝，不负责任，甚至将你视为社会的败类。在这样的社会氛围中，我们很难将个人的意愿和感受置于首位。

坦然豁达：人的心胸都是委屈撑大的

不要对别人的负能量做出回应，否则你们之间便会形成无形的纽带。这种联系将引发能量的流动，就像我们常说的那样：笑容不会消逝，它只是从一人之身传递至另一人之心。负能量也是一样。

当遭遇他人的误解、讽刺或嘲笑，甚至当他们试图伤害你时，你的最佳选择是一笑置之，平淡离去。若你迎上前去解释，无异于将自己的良好状态轻易让出。

人的心胸都是委屈撑大的。

或许你倾注了大量心血，为他人着想周到，热心助人无数，却仍遭遇冷漠、不配合乃至误解、埋怨与指责。此时，内心难免泛起涟漪，难以平复。但无论如何，我们都必须正视现实，因为一切的发生都有其背后的原因。我们需要冷静下来，深入剖析问题的症结所在。

辑一　反幼智
你一心向上却寸步难行，是因为心智未成熟

敞开心扉，不要让沮丧、委屈和抱怨占据你的心灵，同时也要放下挂碍与畏惧。只要你愿意，你就有能力从自我体验的局限中挣脱出来。拥有一颗坦然豁达的心，你便能从容应对一切境遇，从中汲取成长的养分。

永远不要试图与人性对抗

无论是谁，只要试图与人性抗衡，结果都不会太好。无论何事，只要违背人性，都注定无法持久。

尽管"一切从实际出发"说起来轻松，然而真正实践时却困难重重。例如，当你察觉到自己的认知与周围环境格格不入时，你会选择调整自己的认知以适应环境，还是期望环境来迎合你？

调整认知以适应环境，这实在是一项艰巨的挑战。你瞧瞧，随着近年来整体环境的变化，人们的戾气是不是愈发沉重？改变一个人的认知，本就是一项几乎不可能完成的任务。

曾有一位男士，他对此不以为然。好不容易觅得佳人，却在她希望拥有一枚钻戒时坚决拒绝。他孜孜不倦地向女方灌输"钻石是世纪大骗局"的观念，引经据典，数据连连。结果，女友愤而离去，投入了别人的怀抱。

开窍　开悟　开智

大成者必经阶段：超脱情感，明辨取舍

凡成就伟业者，往往需要跨越四重境界，每一重都映射着心灵的历练与智慧的蜕变：

第一重：心若寒潭，面如止水。历经生活波折与挑战之后，此境界中的人已铸就坚如磐石的意志与目标。他们心志专一，不为外界纷扰所动摇。

第二重：默然自守，无须辩白。居于此境者，拥有深邃独立的思考力，他们自在如风，不受世俗评判之束缚。坚持内心所信，无须向外界证明自己的价值。

第三重：超脱情感，淡然处世。达到这一层次的人已洞悉人情的复杂与无奈，他们学会避免无谓的消耗，以理智应对人际关系，不再被情感所牵绊。

第四重：勇于抉择，明辨取舍。在生活的加减法中，他们追求至简至真的生活方式。而往往，正是那些当下视为至宝的东西，成了他们成长的阻碍。

辑一 反幼智
你一心向上却寸步难行，是因为心智未成熟

自卑的死结：缺少体验又不敢试错

自卑，往往源于对未知的不安与恐惧，未领悟到一个真谛：所有的从容不迫，其实都源自熟能生巧的积淀。

天赋异禀、智商超群并非大多数人所能拥有，真正的秘诀在于不断地实践和熟练。

以实例为证：一个在小县城长大的人，初到都市可能会对着地铁手足无措。然而，历经北漂 10 年磨砺的人，却能如数家珍般背出每一站的名称。当你频繁出入高档场所，便会自然而然地掌握其中的规矩与节奏。

当你接触过形形色色的人，便能游刃有余地与各类人群交流，于是，人们称赞你见识广博，举止优雅，言谈得体，情商出众。

同样，恋爱亦是如此。当你历经多次恋爱的洗礼，洞悉男女情感的微妙变化，你便成了众人眼中的恋爱高手。初次恋爱或许手忙脚乱，但历经多次锤炼后，你定能从容不迫。那么，我们该如何打破自卑呢？举例：

没坐过兰博基尼，你不妨大大方方，坦然询问："我没坐过这车，能否请你帮我打开车门并调整座椅？"

在西餐厅中，你可以不懂就问："请问，对于初次品尝牛排的客人来说，几分熟最为适宜？这把刀该如何使用？这条毛巾又有何用途？"

踏入奢侈品店，你尽管试穿提问："您好，我想试穿这款，能否为我详细讲解一下……好的，我明白了，请放回原位。"若遭遇不友善的柜

开窍　开悟　开智

员，你要果断投诉，维护自己的权益。

在强者眼中，即便你偶有小错，也绝不会引来嘲笑。因为他们深知，真正令人不齿的并非不懂，而是不懂装懂。

人生赋予每个人试错的权利，而成功常常就隐藏在反复的试错之后。太多人因为对错误的恐惧而踌躇不前，久而久之，技艺生疏，信心也随之动摇。他们不禁自问，是否天赋不如人，然而这不过是一种错误的认知。一旦我们领悟到人生的真正意义，便会发现，自我责备非常多余，自卑的阴影自然烟消云散。

精神内耗：抱怨是喷向自己的口臭

你跟旁人埋怨，说生活对你不公，却未曾想过，你连自己都不曾深爱。你不懂珍惜自己，连心中所愿都不愿奋力追求，试问，你凭何指责生活待你不公？你的满腹牢骚，又从何而来？人最大的谬误，便是自以为全世界都对自己有所亏欠，却从未意识到，连自我之爱都缺失，世界又如何顾及你？

抱怨，实乃无谓之举，徒耗心力。时而，我们不仅对周遭之人，更对生活本身心生不满，即便无人倾听，我们仍会自我倾诉，沉溺于抱怨

辑一　反幼智
你一心向上却寸步难行，是因为心智未成熟

之中。此举何其荒谬，难道抱怨真能改变现状？

若你身处逆境，那绝非他人之过，因此，切莫高声抱怨，而应从中汲取教训；若你感到生活乏味，切莫埋怨生活，而应自省其身，因你尚未竭尽全力，去发掘生活的真谛。在创造者眼中，世间万物皆非平淡无奇、毫无意义。

那些抱怨自我的人，应学会接纳自己；抱怨他人的人，应尝试将抱怨转化为请求；而抱怨命运的人，则应以祈祷的方式，诉说你的心愿。如此，你的生活必将迎来意想不到的转变，你的人生也将更加美好、圆满。

蓄神养心：身弱的人担不起财

所谓的"身弱不担财"，并非指身体柔弱的人无法获得财富，这样的解读显然是肤浅的。事实上，我们知道众多成功的企业家，尽管他们身体并不强壮，却依然取得了辉煌的成就，比如比尔·盖茨，以及我们身边的一些身价千万的成功人士。在这个问题上，大家需要重新梳理一下认知。

首先，财富并不仅仅代表金钱，它涵盖了与流通、流动相关的诸多方面。拥有敏锐的洞察力，能够捕捉到他人的情绪变化，意味着你具备

开窍　开悟　开智

高情商；能够迅速感知信息的流动，则代表你拥有出色的财商；当你能够准确把握他人的情绪变化，并敏锐地发现信息流动中的商机时，你便更有可能成为财富的创造者。

然而，如果你自我能量低下，缺乏自信或行动力，顾虑重重、不敢争取，这将严重阻碍你追求财富的脚步。这种态度不仅影响你在财富积累方面的表现，还会波及到你的情感生活。今天，我们主要聚焦于财富积累的话题。你的痛苦与成就往往源于同一根源：面对诸多机会与选择，当大量信息涌来时，你容易产生不切实际的幻想。

这些幻想通常分为以下几个阶段：

在第一阶段，当事实尚未明朗时，你的脑海中已开始上演一出出虚构的戏剧。你既幻想着成功后的责任与付出，又担忧失败后的悔恨与痛苦。

进入第二阶段，你的内心充满纠结与挣扎，导致你无法付诸行动。在旁人眼中，你的行为显得犹豫不决、反复无常。

遗憾的是，仅仅是这些不切实际的幻想就足以耗尽你所有的能量。身弱之人，更需精心滋养自身，避免无谓的内耗，如胡思乱想、焦虑敏感，或对过去悔恨、对当下纠结、对未来忧虑。要铭记，生活的真谛在于活在当下，身心合一，全神贯注。

应深入研读圣贤经典等蕴含智慧之书籍，致力于自身事务，保持专注与专一，悉心呵护那有限的能量。言行举止须谨慎，以节省每一分精气神。

舍弃一切烦冗的社交活动，学会拒绝他人，将自身感受置于首位。远离那些带来负面情绪、打击你信心的人，避免介入他人的纷争，寡言、节俭、充足睡眠，皆是养生之道。

辑一　反幼智
你一心向上却寸步难行，是因为心智未成熟

要时刻关注自己的身体，学会调养身心。人生要务唯二：一是照料好身体，二是安抚好灵魂。身体乃灵魂之寄托，身体不安则心灵难宁。另一重要之事，便是不断为自己积蓄能量。

投身于高能量的活动，比如：运动、规律作息、欣赏电影和音乐、歌舞书法、旅游品茗、闻香插花、静坐阅读、书画琴音、赏月听雨、观星晒日、赏雪看鸟、泡泉沐足、登山远眺、散步荡舟、游山玩水、消暑避寒等。

避免沉溺于低能量之事：诸如深夜不眠、烟草与酒精的过度摄入、无节制的饮食、过度劳累、沉溺于恐怖与负面信息的浏览、无尽的埋怨与自私行为、吝啬刻薄、脾气暴躁、拖延懒散、焦虑不安、嫉妒攀比、冷漠逃避、金钱至上、挑剔苛责、诽谤辱骂、无谓争吵、短视愚昧、无休止的抱怨与挑衅、推卸责任、骄傲放纵、悲观逃避、过度消费、沉溺游戏、虚荣自卑、失信失约、多疑投机、犹豫不决、喜怒无常、攀附权贵、口是心非、怨天尤人、极端偏激、心浮气躁、贪婪固执、随波逐流、徇私舞弊、见异思迁、麻木放任等。

身弱之人，常伴随着气血不足，易于疲惫，且精神上易受胡思乱想之困扰，内耗颇为严重，总体表现为能量匮乏，且易于耗损。

在此情境下，切忌雄心勃勃而不知节制。应顺应自然，静心修养，因天赋之体与精神均未得上天厚赐，故无须强行介入与己无关之事，不争无谓之对错，不纠结于无法改变之事，不回想已发生之过往，不在意他人之评价，亦不轻易动摇自身之信念。

简而言之，关键在于为自身精神与能量进行储蓄。"心力"的投放至关重要，应减少物欲以养气，克己自律以凝神。持之以恒，则天下事必有转机蕴藏于其中。

不要让任何人觉得自己可怜

笔者曾看过众多怨男怨女的帖子，他们无一不是以受害者的姿态，娓娓道来自身的悲惨遭遇。他们一再向世人强调："你瞧，我身无分文，无权无势，无背景可依，既无傲人之姿，又无倾城之貌，实乃弱势群体一员。正因如此，我才饱受欺凌。"这一整套论证，试图让人们相信：他们身上所有的问题，皆源于其弱势地位这一外部因素，并非他们不愿好好生活，而是生活未曾给予他们机会。

言下之意，面对他们这样的弱者，人们应当给予宽容与同情。然而，事实却是，"扮演弱者"往往换来的不是同情与认同，而是愈发沉重的轻视，甚至是欺辱。久而久之，连他们自己都会在这些负面的念头中沉沦，无法自拔。因此，切勿让自己沦为那般模样，切勿用弱者的外壳将自己紧紧包裹，让自己蜷缩其中，度过一生。人啊！何必总是摆出一副楚楚可怜的样子呢？你抱怨再多，也无力改变现状，唯有行动，方能助你开辟出属于自己的天地；你处境再难，也绝非沉沦的借口，同情无法将你从深渊中拯救出来。切勿让他人觉得你可怜，无论我们最终会扮演何种角色，你都必须是自己生命中的主角。

人，应当从挫折与失败中汲取教训，不断成长，逐步走向成熟与独立，这才是最佳的选择，不是吗？

因此，切勿将个人的脆弱轻易示人，切勿将内心的困窘向他人倾诉，切勿让他人眼中的自己带上可怜的标签。因为，鲜有人会真正同情你的境遇，反而可能会视你为无能之辈。面对生活中的种种，我们须学会独自承受，因为援手难寻，我们须学会独自坚强，因为最终，一切还需依靠自己！

唯有低下头，默默耕耘，运用我们所学的谋生之道，一步一个脚印，从基础做起，慢慢累积我们的初步资本，方能在未来某日，一飞冲天，直上青云。

闻过则喜，闻斥则醒

质疑与批评，绝非凭空而来。它们的存在，恰如明镜，映照出我们自身或我们所为之事中的不足与瑕疵。批评之中，蕴含着指引与期许，不乏深邃而有益的洞见。即便是些微的挑剔，细细品味，亦能发现其可取之处。

批评虽刺耳，却如良药利于病；受之虽不悦，但缘由多在自身，而非他人。明智且自省者，必能坦然面对批评，视之为前行的动力；心胸宽广者，更能"闻过则喜"，将批评视为关爱。

唯有那些糊涂、固执、自以为是之人，才会将批评视为指责，如同触碰不得的老虎屁股，一听批评便怒火中烧，选择回避、压制，甚至报复。面对质疑与批评，最佳的回应，并非与人争得面红耳赤，而是不断自我提升，让质疑与批评逐渐消散。

当我们的影响力日益扩大，公众对我们的要求也会随之提高。无论是外界的质疑还是批评，我们都应将其视为对我们的期许，是我们不断努力的方向与动力。

成功者是被筛选出来的

1.仔细观察身边真正的成功者，我们会发现他们共同拥有一种特质：即便深知某人能力有限，他们也绝不会轻易指点或提醒。即便他们的认知与经验远超对方，也绝不会好为人师地提出建议。因为无论是指导还是说教，都需要耗费心力，而情商的低下往往体现为无休止地讲道理。智者懂得缄默，愚者才爱指手画脚。真正能说服人的，往往不是空洞的道理，而是现实的碰壁；能唤醒人的，也非冗长的说教，而是生活的磨难。

辑一　反幼智
你一心向上却寸步难行，是因为心智未成熟

2.那些引领你走向财富、邀请你共同学习、与你探讨人生理想、不断为你鼓劲打气的人，才是你生命中的贵人。若有人在人前故意训斥你，不必介怀，他们不过是小人之心。而在无人处对你批评指正、与你交心的人，定要铭记在心，他们才是你真正的贵人。真正的贵人，会激励你，指引你，帮助你拓宽视野，调整格局，为你注入正能量。

3.我们应放下拯救他人的执念，尊重每个人的命运选择。社会的游戏规则层层递进，每一层都有其独特的难度和代价，这也在无形中筛选着不同的人。正因如此，才会有这样的说法：成年人，是经过社会筛选后的产物。你能赚多少钱，并非靠时间熬出来，而是社会与他人对你的筛选结果。

4.告诉你一个秘密：只要你还在担心别人如何看待你，你就仍受他们的摆布；只有当你不再从外界寻求认可时，你才能真正成为自己命运的主人。

催人砥砺前行的九段话

1.人生路上，无法步步精准，无须频频回首，更不必苛责过往的自己。要深信，所行之道，所逢之人，所留之憾，皆为必经之旅。所遇之

开窍　开悟　开智

人，皆为命中注定，绝非巧合，他们必将赋予你某些领悟。所历之事，皆为唯一，不论何时发生，皆为恰当之时。过去皆为因缘，现在皆为结果，此刻所拥有的一切，皆为最佳布局。

2.登舟时，莫念岸上人；离舟后，莫提舟中事。旧识无须知其近况，新交不必问其过往。前世因缘相欠，今生才得以相见。相遇，为还宿债；相离，则债已清偿。缘起缘灭，自有定数；情深情浅，非人力可控。

3.人心之烦，源于不静。物随心动，境由心造，一切烦恼皆源于心。若自己无法释怀，他人亦难相助。万事皆由心起，看淡则一身轻松。想不通之事，莫再深究；得不到之物，莫再强求。尽心尽力后，得失随天，学会变通，人生方能更加顺畅。

4.与人交谈时，莫论人间纷扰事，便可成为超脱尘世之人。可谈风云变幻，可论日月星辰之轮转，可讲花开花落之自然，唯独不议人是人非。避免触及世间纷争，纯粹地欣赏人世间的美好。拒绝琐碎之谈，将心力集中于更有意义之事。保持内心的纯洁与宁静，自然也会赢得他人的敬重。

5.世间纷扰繁多，然万事皆不足挂怀，唯有内心安宁至关重要。倘若能让身心如水般柔顺灵动，便可归于无伤害之境。以宽容与善意笑对人生百态，善待世间万物，好运自会相伴而来。世间每个人都有自己的渡口与归舟，各自安好便是最好的状态。

6.那些曾欺骗你的人，终会自食其果；欺凌你的人，必将自受苦楚；打压你的人，终会自尝恶果。因果轮回，天道昭昭，无人能够逃脱。你只需保持善良，无须怨恨他人，因为怨恨只会伤及自身。将一切交给时间，坚守善念，虽福报未至，但灾祸已远。若为恶，虽灾祸尚未显现，但福报已悄然离去。

7. 一念之差，万般苦难生；一念放下，即是新生。当你决定舍弃某人或某事，实则是放下了内心的执着，释放了自我。释怀过去，不仅是给自己新的机会和未来，也是为他人的未来留出空间。

8. 随着你的修为日深，你将更深刻地理解周围的每一个人。人们并无绝对的好坏、对错之分，只是各自处于不同的能量层级，展现出不同的状态，做出不同的抉择，从而有了各异的言行。领悟此点，你将生发出真挚的爱与慈悲，学会允许、接纳、包容与真诚相待。

9. 终有一日，你将心平气和地回顾自己的经历，如同旁观者一般。届时，你会微笑着摇头，感慨人生如梦，一切不过是过眼云烟。只要努力过、尽心过、珍惜过，便能看淡得失，心怀坦荡地前行。只要你不自伤，岁月便不会伤害你。能治愈你的，从来不是时间，而是内心的释然与领悟。人的自由空间，随着心念的转变而扩展或收缩：一念起，天涯近在咫尺；一念灭，咫尺即是天涯。

辑二

悖逆式生长

跳不出被设定的模式，
就只能做廉价的差事

第 3 章
越虚荣越想要面子，高手看到的是价值

面子问题：想明白就脱胎换骨了

深悟一事，你便如获新生。

当你穷困潦倒时，骑着电动车穿梭于街头，你会担忧遇见那些比你生活更优渥的同学，唯恐在他们面前失了颜面。然而，当你拥有了自己的座驾后，再次骑上电动车时，那份担忧已然烟消云散。世间万物本自宁静，纷扰的只是我们的内心。

当你手腕上佩戴着一块价值 2000 元的腕表时，餐桌上便会有人开始谈论手表的话题，他们或许会嘲讽那些价格不足 2000 元的手表，质疑其机芯与工艺，认为佩戴这样的手表出门有失颜面。此时，你的内心作何感想？但倘若你手上戴的是一块劳力士，你的感受又会如何呢？请铭记这两种截然不同的感受，并深思：为何说话的人与言辞都未变，而

辑二 悖逆式生长
跳不出被设定的模式，就只能做廉价的差事

你的感受却有了天壤之别？

在商业与产品领域，这一道理同样适用。以蛋糕店为例，有些人对甜食情有独钟，而有些人则对此敬而远之。然而，无论顾客的口味如何变化，蛋糕本身始终如一，未曾改变。这便是世界的一种真实面貌——万物本空无意义，是人们的心赋予了它们不同的价值。

所谓的面子，就如同一片草地上的杂草，它并不象征着自由与广袤。而巍峨的大山，也仅仅是座山而已，并无其他附加的崇高与雄伟。这些定义与意义，都是由观察者的主观意识所赋予的。

鲁迅曾在《说"面子"》一文中提到，"面子"即所谓的"脸"。似乎每个中国人都有面子情结，大家被一根无形的线所牵引，一旦跌落线下，便觉颜面尽失；而若能跃居线上，则倍感荣耀。

鲁迅深刻指出，"面子"实在是一种虚荣与虚伪的体现，而那些被"面子"所驱使的人们，在某种程度上显得既可笑又令人同情。过分看重面子的人，通常是对自身弱点与不足过于敏感，他们渴望通过外在的"虚名"来获得他人的认可与尊重，尽管这种名声并不符合他们的实际情况。这样的心态与动机，不可避免地会导致行为的扭曲，更为严重的是，"面子"可能成为他们进步的绊脚石。

不甘人后是人之常情，"好面子"在一定程度上也符合人类的行为逻辑。然而，当个体还未建立起坚实的内心自我，缺乏自信时，盲目地追求他人眼中的成功，便很容易陷入所谓的"体面陷阱"。这样的人会过分依赖外界的评价来界定自己的成败。

即便最终赢得了那份体面，他们也不得不为了维持这种形象而持续伪装，陷入一个不断追求和维持体面的恶性循环。

值得注意的是，许多商业巨头在他们传奇的职业生涯中，都曾经历过艰难困苦，甚至是一些在普通人看来难以启齿的境遇。曾经的困顿与他人的质疑，反而成为他们突破常规、走出一条独特道路的催化剂。

任正非曾分享过他父亲说过的一句话："我要的是成功，面子是虚的，不能当饭吃，面子是给狗吃的。"话糙理不糙。

洞悉这一本质后，你便会发现，我们将变得无所畏惧，任何问题都能迎刃而解，与任何人都能融洽相处。

不要让人为设定束缚你的思维

绝不要让人为制造的、内卷的旋涡束缚你的思维。

20世纪90年代，钢琴在中国是稀罕物，家里有台钢琴，就算见过世面；2000年年初，互联网在中国仍属新鲜事物，那时，十几岁的少年若能设计网页，便被视为走在时代前沿；到了2010年，编程技能变得炙手可热，8岁的孩子若能编程，便足以令人瞩目。

你是否察觉，那些上流社会玩得起的游戏，才被视为所谓的"见过世面"。有钱人借此概念来区分并巩固自己的阶层。不过，若你以为模仿他们的游戏便能融入他们的圈子，那就未免太过天真了！

我们以为节衣缩食，让孩子遵循资本设定的游戏规则去"见世面"，美好生活就会随之而来。事实上，我们只会面临两个结果：自我迷失与教育迷失。

资本正是利用底层的内卷心理赚得盆满钵满。

我们拼命工作，却又将孩子推入教育的资本市场。最终，孩子或许进步有限，但我们的钱包却月月见底。数万元的夏令营，据说能让孩子眼界大开，但送孩子去田间劳作，了解稻谷与玉米的生长，难道就不是见识世面？赴南非做义工，体验人间疾苦，与和孩子一起整理家务、前往国内乡村劳作又有何不同？花费巨资学习马球，和在百忙之中陪孩子在楼下打半小时乒乓球，哪一种才是珍贵的时光？

何谓"见世面"？如果我们被世俗的鄙视链和资本的游戏所束缚，那么我们和我们的孩子仍将无法摆脱被别有用心的资本割韭菜的命运。

庸人心病：这件事对我不公平

其实，每个行业都存在这样的现象。你或许辛苦烹制了一锅美味佳肴，但大块的肉总被别人掠夺，而你只能喝汤充饥。就像那些替身演员，

开窍 开悟 开智

他们奉献了自己的精彩表演，但观众津津乐道的却是台前的明星。因为替身始终是替身，而明星才是焦点。即便你心有不甘，也必须接受这一现实，否则，你连喝汤的份儿都没有。因为在这个世界上，总有人为了微薄的利益而甘愿奔波劳碌。你不愿做的事情，他们愿意做，也许效果不如你，但他们的要求更少，因此你未必是他们的对手。你也不能指责他们为了生存而放弃原则，因为人首先要活下去，然后才能谈及其他。我们总是过于纠结于"公平与否"，这个问题似乎从未停止过讨论。

然而，每个人对公平的理解都不尽相同，各执己见，难以达成共识。而且，也没有必要去说服别人。不管公平与否，该你面对的现实，你都得接受。

这个世界并非非黑即白，公平也只能在特定的情境下谈论。有些事情你无从选择，有些事情你永远无法洞悉真相。有时候，你眼中的公平对他人而言或许并不公平。你再怎么争辩，也无法改变既定的事实。倒不如坦然接受这样一个现实——所有的天平都是倾斜的。

因此，即便偶尔遭受不公，也不要沉溺于对世界公平与否的无尽思索。那是世界领袖们需要探讨的议题，既非我等所能掌控，也非我等应去操心。我们唯一能做的，是努力在自己的小世界里，让天平更多地倾向于自己。当你积聚了足够的分量和影响力，即便有人想要对你不公，也需付出巨大的代价。更何况，在一般情况下，除非你鲁莽冲撞、触怒了他人，否则无人愿意做出损人不利己的事情。

所谓成熟：普通人做好这三件事就够了

首先要明确，城府并非意味着狡诈诡计，而是一种必要的自我保护机制。它如同一层坚固的外壳，使你更娴熟地掌握为人处世的技巧，在错综复杂的社会中游刃有余。

现在，就让本书为你传授几招，助你迅速成为一个身披保护罩的聪明人，特别是对于那些性格较为柔弱、内向且诚实的朋友们，这些技巧尤为重要，务必悉心学习！

1. 韬光养晦

尽量隐藏内心真实想法，外表看上去天真烂漫，实则内心洞若观火。平日里可放浪形骸，畅所欲言。但一旦触及核心利益，便应三缄其口，保持高度警觉，巧妙地转移话题。

2. 内敛性情

不要轻易流露自己的情感好恶，学会保护个人隐私。与人交谈时，切忌知无不言，以免被人抓住把柄或暴露弱点。言语中保留三分神秘，这既是一种魅力，也是自我保护的一种策略。

3. 稳重交往

人际交往的本质在于利益的相互补充。因此，在社交场合中，要明确自己应扮演的角色，以赢得他人的喜爱。在适当的时机，给予他人恰如其分的帮助，塑造友善形象。同时，尽量避免因琐碎之事去麻烦他人，特别是那些可以通过金钱解决的问题，如砍价、集赞等，切不可因此透支人情。

开窍 开悟 开智

不怒自威是怎样练成的

1. 精简肢体动作，避免无谓的手势比画，以维护个人气场。当需强调重点时，轻伸食指，向下一点即收，尽显威严而无须发怒。

2. 发音要清晰，语气需坚定，言辞有力但不必高声喧哗。

3. 言简意赅，直击要点，避免冗长的废话，因为拖沓只会惹人厌烦。

4. 行走时步伐应大而稳，切忌慌张忙乱。保持挺胸收腹，抬头直视前方，避免小动作和四处张望。

5. 微笑示人即可，避免放声大笑，因为过度的欢笑虽能显得亲切，却可能让人轻视。

6. 无须说出"警告"二字，直接以严肃的口吻传达警示之意。

7. 对令自己为难之事，应果断拒绝，迅速而明确，这便是拒绝的力量。

8. 勿欺弱小，而应勇敢面对那些试图压迫你的人。

9. 以理直气壮之态行事，信心越足，支持者越多。若自身对某事都缺乏信心，那么质疑和嘲笑之声便会接踵而至。

10. 对于琐碎之事，眼神足以警示；对于重要之事，则要勇于坚持原则。在展现宽容之前，先成为一个坚强不屈的人。

心态制胜：如何稳住自己，更胜一筹

第一，要懂得隐藏心事，面临困境时保持冷静，愤怒之下也要克制自己的情绪。切莫整日如同怒目金刚，自以为个性十足，对周围一切充满敌意，情绪变化无常且显露无遗。这种不成熟、浅薄的态度，必须摒弃。

第二，要学会洞悉世事，但不必言说，避免过于执着。在他人未征求你意见时，切勿主动提供建议。当被问及建议时，若关系尚未达到深厚程度，可以委婉回应："我实在了解有限，你已然做得如此出色，何需我的建议，我岂敢在行家面前献丑？"

第三，需铭记一点，你无法改变事情的最终结果，亦无法改变他人的品性，但你可以调整自己的心态。莫要被琐事所困，这便是及时止损的智慧。成熟之人不会拘泥于一时一事的得失成败，他们更看重最终的成果。因此，要保持沉稳，不到最后，胜负难以预料，不是吗？

开窍　开悟　开智

顺势借力：贵人助你逆风翻盘

分享一个鲜为人知的自我提升秘诀：寻找生命中的"贵人"，让那些具有积极影响的人改变你的命运轨迹。

回顾你的生活历程，你会发现，总有那么几个关键人物，在重要时刻为你提供了宝贵的机会与帮助。正是这些人在你的人际网络中形成了合力，塑造了你的人生方向，影响了你的气运盛衰。因此，我们必须精通于构建良好的人际关系，并学会借助这些关系来助推自己。这里有两个实用的策略。

第一，寻觅那些既善良又强大的人。你无须在茫茫人海中盲目搜索，只需从你的日常生活出发。职场中赏识你的老板、默契的同事、生活中带给你欢笑的朋友、家庭中与你亲密无间的亲人，都是你的宝贵资源。与他们保持频繁的沟通与交往，诚心诚意地为他们提供帮助，并坦诚地表达你的需求和期望。

"六度分隔理论"告诉我们，你与任何一个陌生人之间，最多只隔着六个人。换言之，你最多通过六个人的介绍，就能结识任何一位陌生人。这些你生活中的"贵人"，每个人都拥有自己的人际关系网。与他们建立积极正向的联系，就相当于获得了无数人的支持与协助。这也是我们常说要珍视身边人的原因。

第二，要相信自己的直觉，远离那些具有"黑洞"特质的人。人际关系中既有正面的，也有负面的，而负面的关系在生活中往往更为常见。

与品行不端的人交往，必然会给你带来不幸。在结识新朋友时，一定要依靠并信任自己的直觉。学会对痛苦和困惑保持警觉，一旦发现有任何让你感到不适的关系，都应及时割舍。因为，真正好的关系，是不会让你感到痛苦和困惑的。

让别人在你身上找到成就感

如何得到贵人的帮助，教你一个小技巧：抱紧大腿，珍惜这个机会。

当比你厉害很多的人帮你时，他们可能什么都不缺，你给的他们也不一定看得上。但事情并没有就此结束，记得要定期向他们汇报你的进步，这样既能表达感谢，也能让他们感到自己帮助你是有价值的。

其实，很多人都喜欢指导别人，享受那种当老师的感觉，我也不例外。所以，想认识优秀的人并不难，多跟他们分享你从他们身上学到的东西就行了。这样做能满足他们喜欢指导别人的虚荣心。这不是什么套路，而是了解人性。利用好这一点，效果可能比送礼物还好。以后如果再找他们帮忙，他们答应你的可能性会更大。

有句话说得好："在大人物眼里，普通人就像地上的灰尘。我们只能在角落等着，希望他们走过时带起的风能把我们吹起来。如果能落在他们的鞋面上，跟着他们走一段路，那就是天大的幸运了。"所以，有机会认识厉害的人，一定要抓住机会向他们学习，千万别不好意思。

不过，在学习之前，要做好准备，先把问题总结好，给出你的理解和选项，别让他们做填空题或写作文。尽量高效一些，别浪费他们的时间。

换道赛车：努力扩展"弱联系"

"弱联系"，顾名思义，即那些细微而不易察觉的联络。在年节之际，我们总会收到一些来自小老板或销售人员的群发祝福信息。尽管群发行为常引人微词，但精明的商人们依然坚持这一做法，他们执着地与我们保持着这种微妙的联系。这种坚持背后，必然存在着某种"正反馈"，否则他们无法持续这样的行为。

这正是"弱联系"的巧妙之处。我们可以将"弱联系"理解为朋友圈中的点赞之交，即双方知晓彼此的职业身份，但在日常生活中鲜有交集。然而，这种关系往往能发挥出比经常见面的"强联系"更大的作用。

这些商人或许未曾研读社会学经典，但他们在实践中敏锐地捕捉到了"弱联系"的价值。

辑二　悖逆式生长
跳不出被设定的模式，就只能做廉价的差事

以一位律师朋友为例，自从踏入这个行业，他便竭尽所能地参加各种行业大会，广泛结交各界人士。他维护人脉的方式简单却高效：朋友圈点赞、评论以及逢年过节的群发祝福。

这一策略看似简单，却效果显著。许多人在遇到法律问题时，首先想到的就是他。在很多情况下，他甚至是客户朋友圈中唯一的律师。凭借这一手，他在执业仅三年后，便从授薪律师转变为独立执业者，收入更是超越了许多从业十几年的资深律师。

有一位程序员，他的个性颠覆了人们对程序员的固有印象。他并不沉溺于宅生活，反而热衷于参与各类城市活动，由此结识了众多IT圈外的人士，成为他们朋友圈中独一无二的程序员。这种独特的社交方式为他带来了意想不到的机遇：每当有人需要定制软件时，他总是首选咨询对象。因此，他的私人项目接连不断，甚至需要转包给他人完成，而这部分收入竟超过了他的本职工作。

许多事理随年岁增长自然明了，但觉悟的早晚却决定了个体命运的迥异。年轻人对社交和人脉建设的抵触情绪可以理解，然而，若能早些领悟到社交的深远价值，并识别出何种人脉真正有益，便能在同龄人中脱颖而出。

近年来，"拒绝无效社交"成为流行口号，这固然有其合理之处。然而，不少人以此为借口，安逸地蜷缩在自己的小圈子里，却未曾深入思考何谓真正的无效社交。

事实上，一个反直觉的观点是：熟人间的社交往往更为无效。

社会学家格兰诺维特（弱联系概念的提出者）曾指出，人们通常仅能从"强联系"中获得情感上的支持——熟人主要提供情绪价值，如在

开窍　开悟　开智

你心情低落时给予慰藉，共同吐槽引发你不快的人和事；相反，从"弱联系"中，我们更可能获得实质性的帮助和支持，产生更多具有实际价值的交流与合作。

在求职这样的重要场景中，弱联系的力量往往超越了强联系。格兰诺维特撰写的博士论文，深入探究了众多专业人士、技术人员以及经理人的求职经历。他发现，超过半数的人是依靠个人关系网找到工作的，而真正起到关键作用的关系并非亲朋好友等"强联系"，反而是那些一年也难得一见的"弱联系"，诸如久未联系的老同学、前同事，乃至社交场合中结识的点头之交。

这一现象背后的原因并不难理解。日常亲密接触的熟人圈子，其信息渠道和职业轨迹往往高度重叠，彼此之间能够分享的信息和资源已然枯竭。因此，你所不了解的工作机会，你的密友们也很可能一无所知。

值得注意的是，在待遇较为优渥的公司中，内部推荐的比例相当可观。诸如阿里、腾讯、百度等业界巨擘，内推的占比竟高达半数左右。故而，若在日常生活中忽视对"弱联系"的精心维系与积极拓展，无形中便会落于人后。当你还在盲目地四处投递简历时，他人的简历或许已经直接摆在了部门领导的案头。

"弱联系"还蕴含着另一个宝贵的好处——拓宽视野。熟人小圈子往往对世界持有相似的认知，难以为你提供全新的视角和思考维度。因此，在与"强联系"的交往中，获取有价值的信息和提升认知水平的可能性微乎其微。

在这个世界上,我们未知的商业模式和生意机会层出不穷。每结识一个新朋友,都可能为我们揭示一个全新的领域或事物。而对新事物的每一次了解,都如同为生活注入了新的活力,使我们的人生不再是一潭死水,而是充满了无限的可能与活力。

卓越基因:成功者自带一身"霸气"

霸气是一种从人身上散发出的、不容忽视的强烈权力意识,它如同丛林中的猛虎或雄狮,一旦锁定目标,便会以不屈不挠的精神追逐成功。

那么,倘若我们并非天生具备这种霸气,又该如何去培育它呢?

1.无畏失败,心怀正义,勇往直前

在社会的底层,生存环境往往充满挑战,人际关系错综复杂。若你过于谦逊退让,他人或许会误以为你软弱可欺。因此,在这种环境下,你必须展现出无所畏惧的勇气,敢于面对挑战与挑衅,并有能力解决问题,战胜困难。

2.言辞甜美,内心坚定,施压恰到好处

学会以温和的言辞与人沟通,同时保持内心的坚韧不拔。不要让外界的环境和他人成为你成长的束缚。当机遇来临时,要果断地抓住,以决绝的态度完成任务，行事果断利落，绝不拖沓。

3. 满怀自信，勇敢行动

不要在犹豫中错失良机，因为机会总是青睐于那些敢于行动的人。不要过分沉溺于对风险和自身能力的评估，而要勇敢地迎接挑战。具有霸气的人敢于展示自己的实力，并毫不犹豫地追求自己的目标。无须过分担忧对手的强大，因为他们也并非不可战胜。同时，要在实践中不断学习，及时发现并纠正自己的错误。

运势拐点：人的大运来临是有前兆的

第一，我们摒弃了愤怒与急躁，逐渐学会以平和与包容的心态面对世界。

第二，我们放下了执念，开始领悟到看淡与释然的智慧，让心灵得到解脱。

第三，我们戒绝了无谓的抱怨与指责，学会了沉默是金，以行动代替空话。

第四，我们抛弃了消极与悲观，积极向前，用努力铸就生活的美好。

归根结底，性格的力量在无形中塑造着我们的命运。当我们开始调整自己的认知与行为方式，周围的世界也会随之变得更加和谐美好。

辑二　悖逆式生长
跳不出被设定的模式，就只能做廉价的差事

　　自强不息的精神是命运的守护者。困境与挑战，往往只会对弱者显露狰狞，而在强者面前则望而却步。正向的信念是吸引好运的磁石，信念越坚定，运势越亨通。那么，你的运势与气场是如何得以提升的呢？性格决定命运，这绝非空谈。

　　随着岁月的积淀，我们更加深刻地理解到，面对挫折的忍耐力、抗压能力，以及对恶劣环境的适应能力和坚定不移的心智，这些才是我们在这个世界上稳健前行的关键。

　　在现实世界中，最终的较量总是聚焦于实力的比拼。无论我们如何抱怨，弱肉强食、适者生存的自然法则始终不变。

　　每个领域的竞争都是残酷的，但站在高处的人总能享受到别样的风景。这种成就感与满足感，源自于自我实现的喜悦。

　　因此，让我们更加务实地生活，努力强大自己的内心。这比任何外在的成就都更加重要。

第 4 章
不懂"反限制"做事，就别想破圈精进

并行不悖：这个世界运行两套规则

这个世界实际上遵循着两套规则，且并行不悖。

首套规则显而易见：公平、正义、道德以及礼节，它们构建了社会公认的道德规范，是我们自幼接受的教育核心，也是社会推崇的显性行为标准。

然而，另一套规则却潜藏在深处，那便是利益互惠。

首套规则固然重要，它为我们划定了行为的基本边界，但要想在这错综复杂的世界中站稳脚跟，仅凭这些还远远不够。若要洞察人心，必须深入探究第二套规则，此即利益分析法的精髓。简而言之，利益是推动人类社会发展的重要力量，而利益分析法则是一种历久弥新的洞察手段。

辑二　悖逆式生长
跳不出被设定的模式，就只能做廉价的差事

说得直白一点，即将欲取之，必先予之。陌生人之间，除利益互惠外，难有更深层的联系。利益上的互惠，远比甜言蜜语更为奏效。这便是利益分析法的实际应用。

在处理各类事务时，我们需迅速辨识并区分不同的利益相关者。我们的每一个言行都可能触及各方利益。那些因你而受益的人会成为你的盟友，而受损的则可能转为你的敌人。这便是划分关系区域的基本原则。当利益关系发生变化时，你也需相应地调整你的人际关系策略。

务必谨记，切不可用第一套规则的道德标准，去强求他人为你执行第二套规则的事务。

在期望获得他人慷慨赠予之前，务必深思熟虑，自己能给予对方何种价值？你的价值是否为对方所需？你的价值是否独一无二？倘若第二套规则中的利益交换不成立，那么双方关系便只能停留在第一套规则的友情层面，对方或许只会给予表面上的敷衍回应。

无论世界如何变迁，人的自利本性始终如一，利益始终是驱使人们行动的核心逻辑。然而，至关重要的一点是：通过第二套规则推导出的目的，必须符合第一套规则的普遍价值观，并受其约束，绝不能唯利是图。

人类社会的发展，始终需要将第一套规则奉为圭臬，尊其为正统。这不仅能让我们在现实的泥沼中保持一丝理想主义的光辉，更能借助美好、希望和正能量，推动社会不断前行。毕竟，真相往往比现实更加残酷，而正是这些积极向上的力量，让我们能够勇敢面对，不断追求进步。

开窍　开悟　开智

如何避免越努力反而越不幸

若想跨越阶层，首要之务是挣脱束缚，否则努力愈多，不幸愈深，永难逃离贫穷的桎梏。那么，如何才能扭转这种不利局面呢？

首要之举，在于辨识陷阱，并迅速抽身。思维与认知若无法提升，社会地位亦难有突破。

在我们的传统文化中，"小农思想"早已根深蒂固。举个例子，如果有人夸你吃苦耐劳、老实可靠，你可能会觉得不开心；但如果有人用同样的词来形容你的员工或下属，你却会非常高兴。

最近有个热议话题：为什么很多从农村考出去的人不愿意再回到家乡？其实，很多人对家乡人并无厌恶感，自己也没有优越感，他们只是感到痛苦和无奈。这种复杂的情绪，与其说是对家乡环境的厌恶，不如说是对过去自己的厌恶。因为无法沟通，只能选择疏离，以避免观念上的冲突。

你清楚他们的观点有误，也知道其中的原因，但他们却认为是你学坏了。他们无法接受你与他们不同的生活方式。这并不是说他们本性坏，而是深受小农思想的影响，无意中成了这种思想的传播者。这就像病毒一样，一代传一代。一旦你表示抗拒，就可能被视为叛逆，受到排斥和批评，让你感到痛苦和孤独。

事实上，很多问题的本质都是经济问题。无论是文化还是传统，都是为了服务经济活动而进行的思想引导。普通人想要跨越阶层，首要

辑二 悖逆式生长
跳不出被设定的模式，就只能做廉价的差事

任务是了解社会运转的真实规律，并将自己置于一个不易被控制的环境中。只有这样，才能真正实现阶层的跨越，追求更好的生活。

自我捆绑：中产的局限性

在高端商圈中，有这样一种现象：那些站在上层圈子中的人，他们或是出身于精英家庭，或是从社会底层一步步拼杀至此。令人惊讶的是，中产阶级出身的人，跻身顶流圈层的例子少之又少。

为什么会这样？因为中产阶层除了常为人诟病的过强道德感和过分重视脸面两大制约因素之外，还存在几个致命的弱点：

第一，清高。

中产们往往坚信，成功应完全归功于个人的努力。然而，在通往名校、大公司和更高社会地位的道路上，单打独斗并非关键。真正的力量在于联合与共享，人脉与资源的重要性不言而喻。一个人的圈层不仅定义了他的身份，更塑造了他的选择。在这方面，中产阶层的视野显得狭隘。

第二，自负。

他们难以接受自己不过是普通人的事实，常常设立与大佬相当的目标，最终却陷入高不成低不就的尴尬境地，内心充满挣扎。他们过分看重学历，多数是应试教育的佼佼者，技能全面却无突出之处。你可以要求他们做任何事，他们都能交出七八十分的答卷，但若问及他们的特长，恐怕难以给出明确的答案。

第三，墨守成规。

中产阶级的子女往往从小就按照父母设计好的人生路线前进：考入名校，进入优质单位，然后像游戏通关一样逐级攀升。相比之下，富人和底层人士在跨越阶层之前，思考的是如何实现跳跃式发展。他们不受固定路线的束缚，始终在寻找那个能爆发的契机。因此，当中产阶级还在缓慢地线性增长时，他们已然实现了爆发式的飞跃。

示范效应：从身边寻找成功榜样

曾有一段时间，网络上广为流传着张亮和杨国福是亲戚的说法。据传，张亮曾在舅舅杨国福的店铺中打工，在偷师学艺成功以后，便另起炉灶，创立了张亮麻辣烫。不久后，这一传闻便被张亮本人澄清。

事实上，两人之间确实存在着某种联系，但杨国福并不是张亮的舅舅，而是与他没有直接血缘关系的姑家表姐夫。尽管在事业上，他们并无深厚的交集，但不可否认的是，张亮选择从事麻辣烫行业，确实受到了杨国福的启发。这一点，颇具玩味。

从公开资料中，我们可以推测，他们可能是那种久未走动的远房亲戚。然而，正是姑家表姐夫杨国福的成功，为张亮树立了一个生动的示范。他从一家不起眼的小店起步，逐步打造出了属于自己的商业帝国。而这种示范效应的影响力，远不止于此。

在杨国福和张亮的共同影响下，他们的故乡哈尔滨宾县被誉为"麻辣烫之都"。这里孕育了众多大大小小的麻辣烫品牌，街头巷尾那些看似普通的门店，很可能就是某个连锁品牌的发源地。

在宾县麻辣烫风潮正盛之际，任何一个怀揣梦想的年轻人，今日或许仍是品味麻辣烫的食客，明日便可能投身麻辣烫事业，开启人生新篇章。这样的年轻人无疑是机智的，但说到底，他们之所以选择这条路，更多是因为身处其中，目睹了成功的典范。

人们总是对遥不可及的成功视而不见，却对近在咫尺的成就倍感敏锐。例如，雷军辉煌的成就或许不会让你心动，但若是邻居王二牛取得了某项成果，你便会觉得自己也能一试身手。

就在宾县的青年们选择麻辣烫创业之路的同时，沈阳可能也有一位勤奋聪慧，愿意从底层做起的年轻人，然而他更可能选择的是卖烤鸡架。数年后，宾县的青年或许已经拥有了连锁麻辣烫店，而沈阳的那位青年却只能在夜深人静时，对着网络发出迷茫的疑问：为何我如此聪明，却始终挣扎在社会底层？

人的命运，往往深受其生活环境的影响。以网络红人"非洲飞哥"

开窍　开悟　开智

为例，这位 80 后农村青年学历不高，一直在社会底层摸爬滚打。然而，他的命运在婚后第三年出现了转折。

这一年，飞哥迎来了他的女儿，家庭的重担使他赚钱的欲望愈发强烈。他曾坦言，那一年他满脑子都是如何赚钱，压力沉重，思绪纷乱。许多身处底层的年轻人都会经历这样的挣扎，或许是为了养家糊口，像飞哥一样；或许是为了追求自我价值的实现。然而，受限于自身的认知和人脉资源，他们常常会选择一些已经饱和的生意，或者学习一些可能很快就被淘汰的技能。

这样的选择，很难为他们的人生带来真正的转变。但飞哥做出了不同的决定——前往非洲工作。这个决定得益于他有一位在非洲工作超过 10 年的父亲。接下来的故事，虽有些俗套，却充满了成功的色彩。飞哥从一名普通工人做起，在非洲历经几年的磨炼后，他发现了运输行业的商机。于是，他与他人合作投身运输业，短短一年内便赚得了一套学区房的资金。经济的自由也带来了时间的自由。

在闲暇之余，他拍摄了一些展示非洲风土人情的视频，恰逢短视频的兴起，他的作品受到了广泛的关注。看过飞哥视频的人都会承认，他是个聪明人。然而，这种聪明并非罕见，任何一个村庄都能找出不少这样的人才。但去非洲工作的选择，对他们来说却是遥不可及的。非洲与他们的生活相距甚远，不仅是地理上的距离，更是人际关系和认知上的隔阂。因此，尽管非洲有着广袤的天地和无限的可能，对他们而言却如同另一个世界，无法触及。

因此，当一个平凡的中年人回首往事，无须为曾经错过的种种机遇

辑二 悖逆式生长
跳不出被设定的模式，就只能做廉价的差事

而悔恨。对于大多数人而言，无论是外部文化的冲击还是互联网的蓬勃发展，这些都只是遥远的信息传递，而非触手可及的选择。错过这些机会在情理之中，特别是在青年时期认知尚未成熟时，那些决定性的时刻，通往成功的道路并未展现在你的选择范围内。许多深刻的理解，需要岁月的沉淀。

许多年轻人在做出人生抉择时，往往受到周围认知有限的人的影响，从而决定了他们的人生轨迹。

综上所述，我们可以洞察到两个现实：大多数人的成功，往往源于他们能够近距离地接触和了解的成功人士，进而模仿并走向成功。人的主观努力是有限的，我们的选择实际上受限于所处的环境。如果环境中没有提供相应的选项，那么找到成功的突破口就变得困难重重。这不是你的错，因为社会结构本身就是如此设计的。如果每个人都能洞悉成功的路径，那么现有的社会架构将不复存在。

对于年轻的你来说，当面对那些与日常生活相距甚远的新事物时，不妨勇敢一些，将它们纳入你的选择范围。给自己一些试错的空间，或许你能在这个日益固化的时代中找到突破阶层的机会。许多事情和道理，随着时间的推移，你都会逐渐领悟，但社会竞争的关键在于谁先掌握。早一步理解与晚一步理解，将决定截然不同的命运。

开窍　开悟　开智

领域知识：降维打击，或被降维打击

在人生的 29 岁与 34 岁之际，常常会迎来翻盘的黄金机会。倘若你未能领悟今日所分享的智慧，或许会在人生的竞技场上遭受降维打击。这些深刻的见解，并非书本上的泛泛之谈。让我们通过一个生动的例子来阐释其中的奥妙：我们是如何深刻认识到"水果"这一概念的呢？难道是因为我们尝遍了世间的每一种水果吗？

事实并非如此。我们所品尝过的水果，仅仅是世界上水果种类中的 1%，而对另外 2% 的水果也仅是略知一二。然而，令人称奇的是，我们能够清晰地辨识出动物、金属、菌类与水果的截然不同，我们几乎能以百分之百的准确率判断某物是否属于水果范畴。

这一例子深刻地揭示了一个道理：即便我们未曾亲身体验过某一维度的所有事物，也能具备高瞻远瞩的决策能力。而在此基础上，一个更为重要的概念应运而生——领域知识。积累领域知识的最佳途径，并非盲目地广泛尝试，而是通过多样化的方式深入剖析同一事物。

以地摊生意为例，你可以尝试遵循传统的选品、进货、出货模式进行摸索，进而从选址和人流量的角度重新审视，最后再通过探寻爆品、与供应链和工厂紧密合作的方式来运营。如此一来，你便能深刻领悟地摊生意的真谛。然而，要想更高效地提升认知，我们仍需借助一种更为轻巧的思维模式——降维投影。为了迅速对事物形成全面而立体的认知，我们应培养三种宝贵的思维习惯：正面坦诚地面对问题、从侧面客观观察以及深入挖掘事物的隐藏面进行思考。

当我们从团队成员晋升为管理者时，便会有更多机会进行侧面旁观。而与核心利益相关者接触，则能引发我们对隐藏面的思考。这两种机会往往集中在 29 岁和 34 岁左右，甚至可能更早。然而，这样的机会弥足珍贵，稍纵即逝，必须紧紧抓住。

价值的产生：把人情功夫做好

人类本质上是社会性动物，我们的生存与社交紧密相连。在社会中，人们难以在孤立无援的状态下存活。

我们所创造的一切社会价值，都需要通过恰当的社交形式来展现并获得认可。其中，"金钱"是最具代表性的表现形式，而"信任""友谊"和"人情"等则是以非物质形态存在的其他认可方式。

要在某个社交圈子中赢得一席之地，关键在于让圈内的核心人物感受到你的价值，从而构建起稳定的社交秩序。

现代文明社会中，人与人之间的交往大多建立在平等的基础之上。这种平等并非指社会地位，而是指人格上的平等。

人际关系的本质其实非常简单，就是相互的认可与尊重。重要的是，

开窍　开悟　开智

"相互"意味着这不是单方面的主观臆断。

因此，在与人交往时，我们应尽量避免一厢情愿的误区。单方面的意愿往往会导致误解，甚至在紧张的氛围中加剧人际关系的紧张，造成比预期更大的损失。

在这里，我们需要重新强调社交的核心意义：沟通。

沟通并非仅为了传递个人的信息和情感，更要兼顾对方的视角与感受。通常，对下属展现关怀与和蔼、对同事表达友善与开朗、对上级彰显稳重与自信，这是一套既实用又符合常规的沟通技巧。

要想通过言辞来精进自己的沟通能力，并影响局势中的关键人物，就必须深入探究人性，精心考量每个措辞和举止对目标人物可能产生的影响。

当双方在人格层面达到平等时，沟通会更为顺畅有效，利益交换也会更加坦诚直接。然而，这需要不断地揣摩对方的心思，确实是一项繁重的工作。

融入一个新环境后，首要任务是找到自己的定位。明确自己在该位置上的职责，并出色完成，这样地位自然稳固。

随后，便是与周围的人建立联系。与其刻意讨好，不如更注重避免冒犯他人。

接下来我们就具体说说人情世故中的隐性规则，希望大家能够用心记一下：

年轻人抵触被评价和定义，他们渴望无限潜能，害怕被限定；中年人则不愿被否定，他们乐于接受准确的定义，无论褒贬；而老年人不希

辑二 悖逆式生长
跳不出被设定的模式，就只能做廉价的差事

望被认为无能。普遍而言，男性渴望被认可，女性则喜欢被称赞。在人际交往中，让别人感到舒适往往就足够了，过度介入别人的生活只会带来无谓的纷扰。

在我国社会文化背景下，年轻人常处于权力结构的底层，缺乏话语权。他们往往对冲突持开放态度，甚至乐于通过冲突来展现自我，这也许是年轻气盛的体现。而中年人，通常对自身能力有清晰的认识，因此不排斥被定义，甚至会为准确的定义感到高兴。

而老年人，已步入生命的暮年，多数已从一线岗位退下，即便仍坚守岗位，也常感力不从心。对他们而言，生活的意义逐渐变得虚无缥缈。尽管体力和精力已大不如前，但他们仍渴望在社会中展现自己的价值，凭借丰富的人生经验，他们希望保有指导他人的话语权。

作为晚辈，我们应避免与老年人产生直接冲突，这既不符合功利也不合乎道德。相反，我们应关注他们身边的中年人甚至年轻人，通过间接的方式去影响和改变老年人的观念和行动。

对于男性而言，他们的认同感主要来源于实际行动的成就。当男性顺利且出色地完成某项任务时，他们便会获得"认可"。不过，空洞的恭维对他们来说并无多大意义，甚至可能引发他们的警觉。总体而言，男性更注重实际反馈而非口头称赞，他们更看重在具体事情上的成果与反响。

女性所钟爱的赞许，往往并不需要通过她们的具体行为来体现，而是可以直接触及她们心仪的话题，并给予恰如其分的"称赞"。然而，在多位女性共处的场合中，称赞某位女性可能会引起其他女性的自我审

开窍　开悟　开智

视，从而容易滋生嫉妒之心。

在女性聚集的场合，言辞须更为审慎，因为她们的感知往往比男性更为敏锐。幸运的是，适时的称赞常常能够化解她们心中无谓的怨恨。

在自身魅力不足以吸引女性时，我们需要将更多的关注投向她们，以满足她们对于被重视和关注的深层需求。

在已经赢得好感的基础上，通过共同的活动，如出游、共进晚餐或深入的交谈，能够更有效地加深彼此的关系。而单方面的讨好往往难以打开对方的心扉。

在一个社交圈中，随着朋友数量的增多，我们便能逐渐构建起自己的话语权。通过语言的巧妙引导，这个圈子便能为我们增添力量，形成实质的影响力。

在此过程中，我们需要关注的是能否真正做出成果、展现自己的价值，并以此换取人情，从而持续扩大自己的影响力。

因情绪而积极行动会赢得他人的好感，但因情绪而与他人发生争执，甚至撕破脸则是人际交往中的大忌。我们无法预知未来，因此得罪他人无疑会阻断自己的前行之路。所以，控制情绪、避免无谓的争执，并在帮助他人的过程中流露出高尚的情感，是我们在一个圈子中稳固立足的基本法则。

融入新圈子时，应避免过分圆滑，而应真诚地向他人求助。圈中的佼佼者通常都愿意伸出援手（因你初来乍到，立场尚未明确），通过互利互惠建立信任，从而轻松拓展人脉。

辑二 悖逆式生长
跳不出被设定的模式，就只能做廉价的差事

在寻求支持时，应广结善缘，此刻不必过分矜持或羞涩，让更多人为你助阵造势；而在需要韬光养晦时，则应精简社交圈，以周旋与谦逊维护自己的地位。

在复杂的局势中，无谓的关系往往繁多冗杂。作为一个冷静的观察者，学会恰当地拒绝至关重要。

此外，若某个圈子与你格格不入，如年龄差异悬殊、缺乏引荐人或资源信息不足等，便不必强求融入。

对于他人的帮助，应直接表达感激与回报。但在商讨事宜时，务必确保表达精确无误，甚至要达到苛刻的标准，以最大限度减少误解和沟通不畅。

当你的成绩斐然时，这比任何恭维和取悦都更能稳固你的地位。

对于缺乏社会经验或在社会中受挫的读者，我有一言相告：社交是在社会中赢得地位的唯一途径。相对应的，劳动则是创造社会价值的唯一方式。劳动与社交相辅相成：劳动创造的价值成为社交的资本；而社交则能展现劳动的价值，进而提升地位。

值得注意的是，无效劳动和无效社交都会削弱个人的价值与地位。因此，我们需要审慎衡量社交的价值，避免不必要的精力浪费。归根结底，这是为了提升我们的生活质量，既要实现个人目标，又要让对方心满意足，从而达到真正意义上的无忧无虑。

总而言之，要赢得他人的尊重与话语权，关键在于让他人深刻认识到你的人格价值，同时，你也需要准确评估他人的人格价值，以此作为交往的基石。

开窍 开悟 开智

　　古今中外，因得遇贵人而平步青云者屡见不鲜。然而，即便是在与贵人的交往中，也绝不能让对方轻视，因为贵人往往更看重人格的价值。在高端工作领域，许多事情的成败并非取决于社会地位或某种特殊技能，而更多地依赖于个人的可靠性、周到细致和善解人意。当某个环节可以放心地托付给一个人时，人格价值的重要性便凸显无遗。

　　此外，洞察他人的人格价值同样至关重要。从自身的角度出发，去审视和评估个体乃至社群的人格价值，对于未来的工作、学习和生活都具有深远意义。这不仅可以作为制定明确社交策略的关键依据，更有助于稳固和提升自身的社会地位。

做喜欢的事才有成功的热情

　　工作中幸福感的源泉，首要在于对工作的热爱。这份热爱植根于工作本身与个人期望值及能力的完美契合，它激发了我们内在的激情与信心。当工作超越单纯的谋生手段，升华至"事业"的高度时，我们便能深刻体会到工作带来的幸福感。

　　然而，现今社会普遍存在一个现象：许多年轻人在工作中难以找到快乐，他们的快乐似乎与工作截然分开。那么，工作与快乐之间究竟应是怎样的关系呢？如果工作本身无法带来快乐，而仅仅被视为一种获取金钱的手段，是为了在业余时间用这些钱去消费和娱乐，那么这种关系无疑是扭曲的，它违背了人的本性。

从人性的角度来看，人是精神性的存在，精神能力的发展与实现才是快乐的最重要源泉。当我们从事自己真正热爱的事情时，我们会感受到自己的能力在不断成长，生命价值得到了实现，这是人生中无与伦比的快乐。娱乐带来的快乐只是暂时的，而工作中的快乐却是深远而持久的。各行各业的佼佼者都能从工作中获得巨大的快乐，这并非少数人的特权，而是每个人都应该享有的。

因此，我们应该寻找那样一件事情，它让我们充满热情，且能为他人带来价值。当这样的事情成为我们专注的人生目标时，我们便能在工作中找到真正的幸福。

辑三

财富与控运

财富是对认知的奖励，
不是对吃苦的补偿

第 5 章
赚钱必须先富脑，脱困只能先脱俗

钱也有认主的固定特质

1. 金钱是有灵性的，不要总是诉苦哭穷，抱怨越多，情况越不会好转。

2. 身上掉的钱，哪怕只是五毛钱，也不要弃之不顾。你不重视金钱，金钱也不会重视你。

3. 不要把钱花在别的女人身上，亏待妻子的人，财运是不会眷顾他的。

4. 就算再生气，也不能拿钱出气，撕钱、砸东西都是不明智的行为，而且损毁人民币，是违法行为。

5. 财不外露，钱财最怕的就是被别人发现，要学会默默地积累财富。

6. 金钱本身是善良的，但它也有邪恶的一面，当你把钱看得比亲情还重要的时候，你就已经成了金钱的奴隶。

7. 不要为了钱而做亏心事，不要以为没人知道，天知、地知、金钱

辑三　财富与控运
财富是对认知的奖励，不是对吃苦的补偿

也知道。

通常来说，以下五种人特别受财富的眷顾，不妨来看看，你是否也是其中之一。

第一种人，深谙"舍得"的哲学。在合作与共赢的舞台上，他们从不寻求单方面的利益，而是秉持着互惠互利的原则。他们明白，唯有让他人也能分享到成功的果实，自己的财富之路才能越走越宽。胸怀的广阔，正是他们钱包丰盈的秘诀。人生在世，小舍小得，大舍大得，不舍则终将无获。

第二种人，是机遇的敏锐捕捉者。他们深知，成功的先决条件并非金钱的堆砌，而是胆识的铸就。想要成就一番伟业、赚取丰厚的财富，就不能满足于平庸与安逸。因为无论是伟大的事业还是丰厚的财富，都蕴含着风险与挑战。缺乏冒险的胆识，成功便如同镜花水月。唯有付诸实践，勇于尝试，才能紧握住机遇的脉搏。

第三种人，是慷慨助人的典范。他们乐于助人，慷慨解囊，从不斤斤计较眼前的得失。他们行善积德，并不奢求即时的回报，因为他们坚信，每一份善意的付出，都将在未来的某个时刻，以某种形式回馈到自己身上。这种深信不疑的豁达与慷慨，正是他们吸引财富的独特魅力。

第四种人，是拥有坚韧毅力和非凡耐心的人。他们深知，赚钱的方法其实并不复杂，关键在于保持平和的心态。只要选定的方向正确，他们便愿意持之以恒，默默耕耘。他们宁愿十年磨一剑，也不愿一年尝十果。三年入行，五年懂行，十年便可称王。在他们看来，熬得住就出众，熬不住则出局，时间是最好的见证者。

　　第五种人，是心胸宽广、善于祝福他人的人。他们从不嫉妒别人的成功，更不会见不得别人好。因为他们明白，如果见不得别人好，那其实就是不允许自己好。他们或许不一定会去祝福每一个人，但绝不会诅咒任何人。他们深知，见不得别人好，并不意味着别人就不好，但自己肯定是不好的。与人相处时，他们心存善念，相信福虽未至，但祸已远离，这样的心态让他们的人生更加美好。

不要让糟糕的思维代代相传

　　我们是否富有，并不完全取决于我们是否受过高等教育，或是否拥有一技之长。更关键的是，我们是否拥有强烈的上进心，是否生活在一个成功的环境中，是否拥有支持我们的好父母，以及是否幸运地遇到了好机遇。我们的孩子未来是否能出类拔萃，很大程度上取决于我们作为父母是否具备上进心，是否拥有包容性和开放性的思维。我们留给子女的财富数量，或是我们的学历高低，似乎对他们的成长帮助并不大。

　　真正对子女成长有帮助的，是我们作为父母所传递给他们的文化和

辑三　财富与控运
财富是对认知的奖励，不是对吃苦的补偿

价值观，以及我们的思维模式，而非仅仅是物质上的房子、车子和票子。

在生活中，许多父母习惯于忍耐和迁就。这样的父母往往很难培养出特别出色的孩子。他们时常在孩子面前说：

"我们家太穷了，买不起房和车。"

"有钱就存起来赚利息。"

"我们省吃俭用，都是为了你啊！"

"千万别给孩子零花钱，否则他们习惯了花钱，长大后可怎么办？"

这种扭曲的思维，一旦父母传达给孩子，就会像瘟疫一样代代相传。渐渐地，孩子也会变得节俭、拘谨，不敢承担任何风险，变得老实而守旧。这样的性格往往与财富无缘。

有些人之所以无法赚钱，正是因为受到了父母贫穷思维的影响，才导致今天的生活状况极其困苦。长期的困苦会使他们变得呆板固执，逐渐形成一套荒谬的理论。一旦他们掌握了这套荒谬的理论，会变得更加呆板固执。他们会错过任何赚钱的机会，抨击任何比他们优秀的人，说人家靠关系、靠潜规则等。总而言之，他们会认为别人都不正常，只有自己才最正常。

开窍　开悟　开智

我们常被困在规则里

无论是宏观还是微观世界，都存在固有的运行法则。四季轮回，天道恒常。而那些洞悉规律的人，往往能够巧妙地转化困境，以巧劲制胜，无论身处哪个领域，都能游刃有余，享受丰盈的人生。

这个世界上，真正杰出的人物，都是那些能够构建、策划并精通运用规则的高手。他们深谙如何驾驭规则，借此披荆斩棘，最终积聚起惊人的财富。

而有些人之所以一直怀才不遇，是因为他们一直困窘在自己认定的规则里，他们的一生，似乎只在顺从、执行中度过，简单而又单调。

然而，赚钱从不是简单的执行与顺从，而是一项需要智慧与策略的综合工程。缺乏这种驾驭能力，再努力也是徒劳。

事实上，心灵鸡汤之于成功而言，帮助不大，甚至一些过于佛系的论调，反而对生活会产生很大的负面作用。在你还未变得强大之前，尽量不要沉溺于这些空洞的慰藉，否则它们只会消磨你的斗志，让你甘于平庸。心灵鸡汤就像是高尔夫球，对于一般人来说，高雅而不实用。

弱者真正需要的，不是虚幻的安慰，而是积累力量，自我突破。因为在这个世界上，只有强者才能赢得尊重与机会。当你成为强者，世界将为你让路。无论面对多高的山，多深的河，你都有能力去征服。山无路，你便挖出一条；河无桥，你便造一艘船。永远不要为未知的明天而忧虑，因为那个明天，还未到来。

辑三　财富与控运
财富是对认知的奖励，不是对吃苦的补偿

不要做一个羞耻心太重的人

羞耻心过重，实则是弱者的表现，它会极大地消耗一个人的精力和精神力量，严重阻碍个人的成长与发展。你仔细瞧瞧，那些羞耻心太重的人，他们的眼神中透露出不安与迷茫，他们的行为显得无力且缺乏豪迈之气。因此，我们绝不应将自己置身于这样一种病态的心理环境中。

人最关键的是要敞开心扉，释放自己的本性，摆脱一切框架和思维的枷锁，唯有如此，个体的能量才能持续攀升。换言之，只要问心无愧，行事光明磊落，做事合理合法，你就没必要被各种各样的道德要求束缚，否则就会被别有用心的人占据道德制高点，迫使你沦为羞耻心的囚徒。

看看那些站在顶峰的大佬们，无论外界怎样议论，会影响他们做该做的事情吗？下面这几句话你一定要记住：

1. 别想太多，谁对你好，你就对谁好。

2. 不强迫自己接受无用社交，不喜欢的人、事、物，可以果断拒绝。

3. 只交好正能量的人：能力强，有教养，三观正，执行力强。

4. 看重巅峰时不来找你的人、难受时陪你谈心的人、落魄时帮助过你的人。

5. 只看四种读物：提高认知的、打开视野的、增强思维的、解读人性的。

6. 凡事有底线，保持边界感。戒掉玻璃心，永远爱自己。

7. 懂得远离脑子不清醒的人，不害怕孤独，一个人能扛下所有。

8. 懂得利用人性弱点，光明正大地赚钱。

开窍 开悟 开智

有钱人拥有赚钱的正能量

在追求事业的过程中，人必须拥抱一种"神性"的状态，这意味着要怀揣宏大的欲望与梦想，为客户和团队的福祉而全力以赴，不懈奋斗。

然而，在物质享受方面，则应回归"农夫"的质朴心态，即便是在简单的稀饭咸菜中，也能细细品味其中的滋味，感受生活的本真。因为一旦在物质享受上放纵欲望，过度追求，便会偏离正道，陷入内心魔障的泥潭。

人的快乐，往往源自于适度的物质匮乏。当桌上只有两道菜肴时，我们或许能品尝到其中的美味；但若摆满了108道菜，反而可能觉得索然无味。这便是为何许多人在品尝了高端海鲜自助餐之后，却觉得一碗泡面更加满足的原因。

当灵性生命提升至一定境界时，我们会恍然大悟：生命中遇到的每一个人，经历的每一份情感，遭遇的每一件事，都是为了助我们实现这一世的圆满。

于是，我们开始进入纯粹的真实阶段，领悟到人生的成功便是活出真实的自我，不再被世俗的言语所伤害，以一种超然俯视的心态活在世间。在这个阶段，我们不再分辨好坏、对错，内心空无寂静，平凡无奇，心无杂念，纯净天然。对于自己的人生道路，我们达到了大彻大悟的境界。

接下来，便是以这份"真实"去经营和塑造自己的人生。我们来看

辑三　财富与控运
财富是对认知的奖励，不是对吃苦的补偿

看有钱人是怎么做的。

1. 有钱人求学为了致富，所学必用于实践

许多人读了不少书，懂了很多道理，却依然活得毫无起色，这是为什么呢？不是道理本身有错，也不是学的知识没用，而是他们没有将道理转化为实践的能力，过于沉溺在空洞的理论之中！

反观有钱人，他们学习的目的极为明确，就是为了更好地获得利益，这便是务实。"赚"字本就是一个动词，若只是学而不动，那么一切所学都不过是无用之物。

2. 有钱人身上散发着一种赚钱的正能量

如今，"正能量"这个词被广泛提及和倡导，但真正的正能量并非仅仅来源于一些鸡汤文或段子。在这一点上，有钱人的正能量显得尤为现实。从他们身上，我们可以发现，一个人最大且最有用的正能量，就是努力赚钱、好好生活，让自己身边的人因为自己的财富创造而生活得更加幸福、快乐。

3. 有钱人大都展现出一种叛逆的精神，他们并不会全盘接受父母长辈的言论

如果你曾读过一些亿万富翁的传记，就不难发现，这些有钱人在成长过程中，并非传统意义上的乖乖听话的好孩子。尤其是那些白手起家、由穷变富的有钱人。

这其中的道理其实很简单。如果你的父母长辈并不算富有，你渴望超越他们，那么你就必须与他们有所不同，不能重蹈覆辙，而是需要拥有独立的思考，勇于走不寻常之路！

开窍　开悟　开智

想赚大钱需要研究什么

在追求梦想与成功的道路上，有四大核心要素不可或缺，它们如同指引航向的灯塔，照亮前行的道路。

第一，道。

这是根本，其内容涵盖国家政策、平台规则、金融税务、法律法规、自然规律及宗教信仰等。它们是天地间不变的法则，是行事之基准，唯有顺应其道，方能稳健前行。

第二，法。

这是策略，涉及商业模式、投资模式、盈利模式、推广模式、战略布局及危机公关等。它们是智慧的结晶，是运筹帷幄的法宝，唯有灵活运用，方能制胜千里。

第三，术。

这是技巧，包括定价策略、营销策略、客户定位、物流管理、人力管理及会计管理。它们是实践的智慧，是精细操作的手段，唯有熟练掌握，方能事半功倍。

第四，器。

这是工具，涵盖财商逆商、管人用人、演讲口才、时间管理、形象人设及人脉资源。它们是实力的象征，是助力成功的利器，唯有善用其器，方能如虎添翼。

第五，路。

这是方向，想成为什么样的人，就要向这样的人靠近，站位比努力更重要。

同样努力工作，收入却有天壤之别，根源就在于我们服务的客户是富人还是普通人，你所在的区域是"高价值区"还是"低价值区"。

进入那条精英云集、黄金遍地的"22%"高速路，你才能更快地积累财富，实现阶层跃迁。

买卖的底牌：创业必须知道的商业思维

1. 商业的核心，归根结底，就是卖东西。

2. 世上的商业模式，说到底只有两种：卖自己的东西，或者帮别人卖东西。

3. 企业的功能，可以归结为两个：一个是创造价值，一个是传递价值。前者我们称之为创新，后者我们称之为营销。

4. 为什么从"卖别人的产品"开始，更容易成功呢？因为这样能最快地得到"正反馈"。

5. 要想反馈来得快，就要降低启动成本，包括时间、金钱的投入，以及专有技能的掌握。

6. 无论你认为自己是普通人还是别具一格，两种心态都能成功，只是成功的路径不同。

7. 赚钱的前提，是你能为别人提供价值。赚钱和提供价值，这两者是可以画等号的。

8. 如果你在一件对他人毫无益处的事情上赚到了钱，那不是真正的赚钱，而是骗钱，这样的路是走不远的。

9. 要想赚钱，首先得找到一个你容易获利的产品。这需要你用心去观察、体验生活。

10. 从模仿开始，尽快建立自己的小系统，开启"反馈—调整—再反馈"的模式。

逆势生长：吸金体质是怎样练成的

1. 深爱财富

确保你内心深处对财富充满热爱，一旦有机会降临，你愿意全力以赴去尝试。如此，财富自然会被你如磁铁般吸引而来。

2. 坚信自己能够创造财富

永远不要说自己贫穷，赚不到钱，或不知道如何赚钱。这样的言辞会让潜意识定型，将财富拒之门外。只有心志坚定，相信自己能够创造财富，才能真正拥抱丰盈。

3. 秉持富人的思维方式

富人的思维是交换定律的体现。每当你获得一件东西时，都要思考你需要付出什么，并探索如何在不违反道德的情况下以最小的代价获得最大的回报。一旦你付诸行动，你就会不断寻找赚钱的机会。

4. 结交卓越的朋友

与卓越的朋友为伍，他们能带你一起创造财富，也能让你变得更加优秀。要提升自己的能力，就要不断学习和成长，并把握机遇。

5. 拓宽收入的渠道

不要仅仅依赖工资收入，它会限制你的赚钱思维。考虑开展副业，增加收入来源，这样你的风险承受能力就会增强，可以更加从容地制订并执行更多的赚钱计划，无须担心失业。

6. 以勤奋弥补才智的不足

以流量变现为例，虽然才智可以迅速带来财富，但长期的勤奋和持续输出才是稳定发展的关键。如果你不够聪明，就通过勤奋来弥补，持之以恒地努力，财富自然会向你涌来。

7. 认清自己的优势并深耕

找到你的优势所在，集中精力深耕并全力开发。这个技能将成为你的铁饭碗，是你赚钱的根基和核心竞争力。

8. 培养逆向思维的习惯

当你遇到超出认知范畴的事物或自认为懂得的知识时，要反问自己：

开窍　开悟　开智

真的是这样吗？有没有其他方法？久而久之，你就能从中发现致富的新路径和机会。

9. 选择上进且支持你的伴侣

如果你的伴侣不上进，不支持你所做的事情，那么他的家人也可能不会支持你。这会导致你失去信心，怀疑自己是否应该继续努力。因此，选择一个上进且支持你的伴侣对于创造财富至关重要。

有钱人不外传的"赚钱铁律"

1. 雇佣智慧：条件允许的话，一定要请个保姆，这是富人们都懂的秘诀，因为时间和精力太宝贵了。

2. 养老真谛：退休后最大的依靠不是老伴，也不是儿女，而是你手里的养老金。这是自立的基础，也是安心的源泉。

3. 赚钱之道：如果只为了钱去做事，往往赚不到钱。但如果你坚持去做，不计得失，努力提升自己的思维和能力，钱自然就会来了。

4. 人脉即财富：想赚钱，就得先广结人脉，积累资源，然后把这些变成财富的来源。要主动出击，多结交高质量的人脉，特别是那些能帮你致富的贵人。

辑三　财富与控运
财富是对认知的奖励，不是对吃苦的补偿

5. 投资之智：别把钱都存银行，除了留一部分做风险管理，其他的都应该拿去投资，让钱生钱，这才是明智之举，让金钱为你工作。

6. 财富多元化：投资不仅仅是为了赚钱，更是为了让财富多元化。除了传统的投资方式，也可以试试新兴行业和项目，比如科技创新、环保产业等，寻找更高的回报和增长空间。

7. 风险分散策略：避免将所有资金集中于单一投资，分散投资是稳健盈利的核心。通过投资多元化的领域和项目，可以有效降低特定投资的风险，同时增加获利的机会。

8. 风险与收益的平衡：在追求高收益时，务必注重风险管理和保持合理的容忍度。切勿盲目追求高风险高收益的投资，而应根据个人的风险承受能力和投资目标做出明智的选择。

9. 投资前的筹备：在投资之前，务必深入了解市场和行业的动态。只有准确把握市场趋势，才能做出明智的决策，抓住机遇，从而获取更大的利润。

10. 投资的艺术与智慧：无论是炒股、购房还是其他投资方式，都需要培养理性思维和长远规划的能力。不要被短期利益所迷惑，要用长远的眼光审视投资，坚守投资的基本原则，稳步前行，持续积累财富。

11. 回馈社会与共同成长：当财富积累到一定程度时，应积极回馈社会。通过慈善捐赠和公益活动，不仅可以帮助他人，还能塑造积极的社会形象，进而提升自己的社会地位和拓展人脉资源。

12. 创造价值与机遇：赚钱不仅是为了个人利益，更是为了创造更

开窍　开悟　开智

多的社会价值和机遇。通过创业创新、推动产业升级等积极行动，你可以成为推动社会进步和经济发展的关键力量。

　　13.持续学习与不断进取：持续学习，不断进取，是赚钱的不竭动力和基本要求。市场瞬息万变，新技术、新知识层出不穷，只有持续学习，提升自己，才能在激烈的竞争中脱颖而出，抓住更大的机遇，实现成功。

　　14.远见与机遇：切勿仅着眼于眼前利益，更应洞察未来趋势与机遇。

　　将目光投向远方，关注经济与社会发展动态，紧握新兴产业与市场机会，方能实现长期稳定的财富增长。

　　15.理念与道德：坚守自我理念与价值观，在赚钱之路上保持人格与道德底线。财富仅为工具，非追求之唯一目标，应始终秉持良好品德与社会责任感。

　　16.合作与共赢：与人合作，乃赚钱关键。学会与他人携手，共创共赢。通过与合作伙伴、员工及客户的良好沟通与协作，方能实现利益最大化，建立长久合作关系。

　　17.运气与时机：赚钱之道，不仅依靠自我努力，也需运气与时机的助力。学会捕捉机遇，及时把握投资机会，才能实现财富的增长与积累。

　　18.耐心与坚持：赚钱道路上，需以耐心为舟，坚持为帆。时间与积累是不可或缺的要素。切勿急于求成，应秉持长期投资眼光，静待市场的回馈与项目的成熟。

辑三 财富与控运
财富是对认知的奖励，不是对吃苦的补偿

19. **财富与快乐**：不要让金钱成为生活的全部，而应在财富中寻觅更多快乐与满足感。金钱，仅为生活一隅，保持身心之平衡与幸福感，方为真谛。

20. **价值与梦想**：赚钱的最终目的，乃为实现自我价值与梦想。无论是事业的成功，还是个人目标的达成，赚钱皆应成为实现人生价值、创造美好未来的桥梁。

21. **财富与幸福**：拥有财富，并不意味着就能拥抱幸福，关键在于如何运用与享受。应学会理性消费与投资，不被物质所困，保持内心的平静与满足感，才能真正品味财富带来的幸福。

22. **健康与财富**：赚钱路上，切莫忽视身心健康。良好的生活习惯与心态，是赚钱的基石。健康，是最大的财富，唯有拥有健康的体魄与清晰的思维，才能更好地赚钱并享受财富带来的快乐。

23. **乐趣与挑战**：赚钱，不应被视为压力与负担，而应成为乐趣与挑战的源泉。享受赚钱的过程，感受其中的乐趣与成就感，才能更加积极地投身于赚钱的行动。

24. **面对失败**：赚钱路上，难免遭遇失败与挑战。一次失败，并非放弃的理由。每次失败，皆为宝贵的经验与教训。应从中汲取智慧，总结经验，不断调整与改进赚钱的策略。

25. **谦逊与谨慎**：赚钱道路上，需秉持谦逊与谨慎的态度。不要骄傲自满，而应虚心向他人学习并借鉴经验。不断提升自我能力与眼界，谨慎决策，才能更好地把握赚钱机遇。

26. **科技助力，智取财富**：利用科技和信息化手段，提升赚钱的效

开窍　开悟　开智

率和准确性。随着科技发展，我们可以借助互联网、人工智能等工具，更好地分析市场、把握机会，从而提高赚钱的成功率和效益。

27. 坚守初心，清醒前行：不要被眼前的成绩和财富所迷惑，要始终保持清醒的头脑和独立的思考。在赚钱的道路上，我们要坚持原则和底线，不为一时的利益而损害自己的良知和品性，保持清正廉洁的品行。

28. 品味成功，珍视过程：将赚钱视为人生的一种体验和积累。在不断的奋斗和努力中，我们要感受成功的喜悦，享受赚钱带来的成就感和荣耀。这样才能更加珍惜和珍视赚钱的过程和结果。

29. 合法合规，诚信立世：在赚钱这件事上，我们要坚持合法合规的原则，不得触碰法律和道德的红线。无论是经商创业还是投资理财，我们都要严格遵守国家法律法规，尊重社会规范和职业道德。以诚信和正直的态度赢得他人的信任和尊重。

30. 赚钱的最高境界——利他利己：赚钱的最高境界并非仅仅为了个人的富足，而是要在实现自身价值的同时，也造福于他人。通过赚钱创造更多的财富和就业机会，为社会带来更大的贡献和影响，实现自己的人生价值和社会责任。

辑三　财富与控运
财富是对认知的奖励，不是对吃苦的补偿

一定要学会在生活里自带财气

佩戴一块手表，不仅仅是为了看时间，尽管手机也能满足这个需求。在社交场合，手表更像是一种风度的象征。即使是一款名表，它所传递的信息也远不止于财富的展示，更多的是给人一种重视时间、守时重诺的印象。

不要总是说自己没钱。或许你从小就被父母教导要财不露白，保持低调。但我们必须承认，大多数父母也是普通人，他们一生都未曾发过财。如果你总是说自己没钱，有些人可能会轻视你，有些人则会认为你是一个吝啬的人。

要洁身自好，不要沉溺于不正当的男女关系。这不仅会降低你的财运，还可能对你的身心健康造成损害。记住，"色字头上一把刀"，这种事情不仅会掏空你的身体，还可能传染疾病。观察一下，你会发现很多老板的没落就是从不正当的男女关系开始的。

要经常对自己说"我能行"。这种积极的心理暗示会激发你内心的欲望和动力，同时也会感染和激励身边的人。无论是你的配偶、家人，还是员工或同事，他们都不希望每天听到一个失败者的抱怨。

尽量远离那些连100块钱都要借的人。这并不是说要你变得势利眼，而是想告诉你，一个连100块钱都要借的人，很可能是一个缺乏尊严和自立能力的人。因为对于大多数人来说，赚100块钱并不是一件难以实现的事情。

开窍　开悟　开智

找零钱的时候，即使是一毛钱也不要拒绝。不要把钱随便放在衣服的口袋里，以免遗忘。每一分钱都是财气的积累，可以在家里放一个存钱罐，把小额的硬币或零钱放进去，积少成多，财气自生。

身体不舒服时，多睡觉以恢复；精神不舒服时，多看书以求振奋。肉体的康复需要睡眠和休息，而精神的恢复则需要吸纳更多的信息来刺激思维，阅读或观影都是不错的选择。

适时示弱，合理装傻。虽然清醒自立、宁折不弯的品质受到部分人的推崇，但往往容易伤害自己，错失一些机遇。示弱、服软、装傻都可以让对方减轻戒备心，因为人性本就喜欢为人师，寻求优越感。记住，过程中的谦卑甚至卑贱并不重要，结果的成功才更重要。

顺境时多赚钱，逆境时多读书。人生短暂，除了童年和暮年，真正能够打拼奋斗的时间不过二三十年，不可能一直顺风顺水。身处顺境时，要淡然处之，默默努力发展自己。

遭遇逆境时，也要泰然自若，不必怨天尤人。静下心来多读书，提升自己的认知水平，等待下一个顺境的到来。

小时候算计过自己的人，长大后也要远离。一个人的性格和品格很难随着年龄的增长和学识的丰富而发生质变，伪装背后往往是不可改变的本性。

学会存钱，越多越好。现在越来越多的人不愿意消费了，大多是因为之前透支消费太疯狂，狂欢过后只剩下压力和空虚。但我们父母那一代人，收入并不一定比我们高，但他们总是能存下钱。一旦遇到意外情况，就会发现储蓄是多么重要。

辑三　财富与控运
财富是对认知的奖励，不是对吃苦的补偿

改掉别人问一句你回十句的习惯。言多必失，智者慎言。倾诉是每个人的本能和欲望，但会倾听的人更加睿智和成熟。多听少说，你会发现一个新世界。

精简衣食，福寿自来。衣物无须过多，能遮身蔽体便好；美食不必奢华，饱腹即可。将钱投资于精神层面，生活自然更加丰盈；饮食八分饱，身体也更为康健。

让自己保持忙碌，忙碌能减少内心的纷扰。穷人与富人的一大差距，就在于对时间的看法。穷人往往视时间为无物，而富人则深知时间贵于金钱。让自己忙碌起来，可以忘却许多烦恼，避免无事生非。

注重个人形象，不要显得邋遢。鞋履磨损了，就及时更换。不要盲目效仿那些不拘小节的富豪，毕竟他们只是少数。对于大多数人而言，在低谷时更应保持一份精气神，不发福、不邋遢、不放纵，以免错失翻身的机会。

摒弃玻璃心，过于敏感脆弱只会让你失去更多。一个容易受伤的人，福气往往也会减少。

行事要低调，不要轻易泄露自己的计划。虽然世间希望你成功的人不少，但盼你失败的人也不少。内心的宏伟蓝图，仅与合伙人共享即可，少一人知道，就少一分失败的风险，因为人心是最难以捉摸的。

要舍得在自己的脑袋上投资，而不是在酒肉朋友身上浪费。如果有一天你落魄了，资产尽失，甚至众人离你而去，但你脑海中的知识与智慧却是无人可以夺走的财富，那是你东山再起的资本。

增强自身实力，方为立身之本。若无实力，即便认识再多人，也难

开窍　开悟　开智

以成事。对于初入社会的年轻人来说，不必急于拓展人脉，更重要的是先发展自己。

人的福气和财气，其实都藏在情绪里。情绪越稳定，别人就越会尊重你。真正的大佬们，通常都是和和气气的，姿态很低，你看不出他们的高低，但你会由衷地敬重他们，因为他们有着一种超凡的气场。

我们应该真诚地希望别人过得好，希望别人发财。在这个世界上，最大的悲哀就是见不得别人过得好。嫉妒是阻碍一个人成功的最大心魔。其实，你身边的人过得不好，对你并没有半点好处，反而可能会拖累你。相反，如果他们过得好了，可能会帮你一把，即使只是为了满足他们自己的优越感，至少也不会拖累你。

生存空间：弱势者一定要知道的丛林法则

丛林之中，资源有限，唯有强者方能获取最多。

在丛林深处，一棵大树巍然屹立。它的顶端昂扬向上，努力争取最多的阳光雨露；它的枝干粗壮，尽力扩展空间，以呼吸最新鲜的空气；它的根系发达，深入大地，汲取最多的养分。然而，在它旁边，几棵瘦弱的小树在生存的边缘挣扎，它们的枝干细脆，叶片枯黄。

辑三　财富与控运
财富是对认知的奖励，不是对吃苦的补偿

小树愤怒地看着大树："你已经如此强大，为什么还要限制我的生长？"

大树淡然地瞥了它一眼，冷漠地说："对于我来说，你的生长永远是个威胁。"

这就是丛林法则，弱肉强食是其最鲜明的特征。

一阵春风吹过，一粒草籽落在大树之下。不久，这粒草籽破土而出，幼嫩的小草羞涩地摇曳着身姿，张望着这个广阔的世界。大树的枝干上滴下的露水，滋养着正在蓬勃生长的小草。小草抬起头感激地说："大树先生，谢谢您的帮助！"

大树浑厚的笑声在丛林中回荡："别客气，你只管放心地生长吧。无论发生什么事，我都会尽我的一切力量帮助你。"

小草感动得流下了眼泪。它经历了数次倒下和站起，终于长成了一片嫩绿如茵的草坪。

见此情景，一直沉默的小树不解地问道："你疯了吗？为何如此拼命生长？"

小草坚定地回答："我不能辜负大树先生的期望。"

小树不屑地摇头冷笑："它如此吝啬，你看我被它挤得如此狼狈，几乎无立足之地。"

"但为何，它对我却如此不同？"小草疑惑。

"因为你的存在对它并无威胁，反而能滋养它脚下的土地，使它的生存环境更加优越。"

在丛林中，除了残酷的弱肉强食，互利互惠也是丛林法则的重要一

开窍　开悟　开智

环。与其他生物合作，无疑是一个明智的选择。鱼类和鸡类的群居能增强声势，避免被强者全体消灭的悲惨命运；一只狼面对强大的对手或许势单力薄，但一群狼则团结无敌，无人敢惹。显然，互利互惠的目的是获取更多、更好的资源，实现共赢。

第 6 章

未来十年,要像"卖杧果"一样赚钱

深析盈利,才能轻松获利

第 1 条:

盈利的本质,就是低价购入,高价售出。

第 2 条:

赚钱,就是内行人赚外行人的钱。

第 3 条:

赚钱,就是将 A 平台的商品巧妙转移至 B 平台,实现价值的再创造。

第 4 条:

赚钱就是构建分销网络,寻找代理,招募下线与合伙人,吸纳会员,培养学徒,让别人帮你赚钱,实现躺平收益。

第 5 条:

开窍　开悟　开智

赚钱有时仅仅是将南方的商品运至北方，或将北方的商品带往南方，满足异地需求。

第6条：

赚钱，也可以是将国外的商品引入国内，同时将国内的商品推向国际市场，搭建跨境桥梁，实现利润双赢。

第7条：

赚钱，在于洞悉他人的需求与困境，你有所需，我有所能，以服务之药解你燃眉之急。

第8条：

赚钱，离不开广告的投放、排名的提升与优化的实施，以此吸引眼球，赢得市场。

第9条：

流量与现金是市场永恒的王者，它们能开枝散叶，创造更多的财富。

第10条：

锁定一个独特的卖点，坚守不移，便能在变幻莫测的市场中屹立不倒。

第11条：

通过撰写文章、发布视频、分享音频，传递价值，吸引追随，开辟赚钱的新天地。

第12条：

售卖概念、课程，深谙人性，以智慧与洞察引领潮流，创造无限可能。

辑三　财富与控运
财富是对认知的奖励，不是对吃苦的补偿

赚钱的心诀：把握人性，正确输出

1. 创造需求

有个故事，特斯拉曾经用它作为面试题：有个村子，大家都不喜欢吃杧果。如果你手里有很多杧果想卖给他们，你会怎么做？

有个聪明的商人，他每天都去村里喊："谁家有杧果？我要大量收购！"他这么做，其实是故意制造需求，让原本没人要的杧果变得抢手。这就是商业里的"无中生有"。

2. 概念的巧妙转换

譬如，你推销电脑时附赠价值百元的键盘，但顾客可能心生不满，认为花费3000才得此小惠。然而，若换一种表述，告知顾客只需额外支付20元即可换购价值百元的键盘，他们便会觉得，仅需20元便能获取百元之利，实乃大赚。

3. 沉没成本的智慧

一切已付出且无法挽回的支出，皆为沉没成本。譬如购票观影，却发现影片乏味至极，此时你该如何？多数人选择忍受至终，只因不愿浪费已付的票款，即便全程玩手机或沉睡。然而，明智之举应是立即离场，因为劣质电影不仅耗费时间，更影响心情。切莫让沉没成本左右你未来的抉择！

4. 满足需求与创造新需求并行

在美国加州福利摩尔的消防局内，有一盏自1901年起便持续发光的灯泡，其寿命已跨越 123 载。然而，生产这盏质量非凡灯泡的谢尔比公司，却因产品过于耐用而在 1925 年走向了衰败。此后，美国五大灯泡制造商联手组建了一个名为"太阳神"的价格联盟，其中一项核心规定便是：所有市售灯泡的寿命不得超过 1000 小时。如此，消费者不得不频繁更换灯泡，而这五大制造商则因此得以源源不断地获取利润。

你是否曾疑惑，为何高价购得的充电线会迅速损坏？有些护肤品一旦停用肌肤便问题频现？背后的真相，往往令人深思不已。

5. 期待效应的力量

你有两个宝宝，弟弟央求你给他买冰激凌，你提要求，买完后要让哥哥尝一口，他欣然答应。然而，冰激凌到手后，弟弟却迅速跑开。你提醒他应该给哥哥留一口，承诺之后会再为他买薯片，他这才欢快地跑来，将冰激凌递给哥哥。

人们往往不会因你过去的善待而感激，真正吸引他们的，是你手中握有他们未来所渴望的好处。

再举一例：当你走进一家餐馆，老板特意嘱咐厨师为你多加些肉，即便实际上并未多加几片，你心中仍会涌起愉悦，暗自决定下次再来光顾。这便是期待效应的魅力所在。

6. 厌恶损失的心理

人类无法容忍损失的存在。当你的 3000 元产品因价格高昂而无人问津时，不妨尝试让顾客先免费体验 7 天，或只需支付 200 元押金体验半个月。体验结束后，顾客往往会因不习惯失去该产品而愿意掏钱购买。若你担心顾客要求退款，又该如何应对？你可以提前告知他，之前支付的 200 元押金现在可抵扣 500 元甚至更多。如此一来，顾客又将在失去 500 元的痛苦中纠结不已。这种损失感，实则是巧妙营造出的心理效应。

未来十年我们拼什么

赚小钱，或许只需依靠个人的聪明才智与勤奋努力。可是要想赚取大钱，则非得有贵人相助不可。

然而，很多人终其一生都无法领悟这一规则。并不是说这些人缺乏机遇，而是因为他们做人不到位，因此无法得到高手的认可。

实际上，你的一言一行都在高手的洞察之中。因此，在高手面前，保持真诚是至关重要的。你之所以命运多舛，往往是因为你未能向高手证明自己的价值。

1. 整：你能够整合多少资源，将决定未来你能获得多少财富。

2. 借：与其造船过河，不如借船过河。趋势不可阻挡，抉择需具智慧。

3. 学：胜利在于学习。古语云：富而不学，富不久长；穷而不学，穷无绝期。

4. 变：想要改变口袋，先要变革脑袋。社会不断淘汰有学历而无变化之人，却永不淘汰具有学习力且愿变通之士。

5. 众多商机，往往藏匿于人际交往的杯酒言谈之中。切莫故步自封，仅在自己的小天地里空想。即便事务繁忙，也应该时常外出，进行有价值的社交活动，联结其他卓越的人脉与圈层。与他们交流有用的信息与资源，因为最宝贵的资源，常常仅在高阶圈子中流传。

6. 人生需多做减法，少做加法。不可见商机便想涉足，更不可频繁更换项目。人的精力有限，一生只能专注于某几个，甚至一个赛道，并在此赛道上持续深耕（当然，这个赛道需足够优质）。唯有如此，方能在时间的长河中，慢慢建立起在行业内的绝对优势。若各行各业都不专精，则难以赚得大钱，最终可能蹉跎一生，一事无成。

7. 有时，你看到别人的生意简单且暴利，但这可能只是你的臆想。因为你并未像内行人那样深入其中，所以你根本不知别人经历了多少艰辛，折腾了多久，赔了多少钱，又承担了多少风险。

8. 不要盲目追赶风口。风口并非盲目追出来的，而是在风口到来之前，你已在行业内有所积累，所以你才能顺势起飞。因此，锁定你最擅长的赛道，精耕细作，做到极致，然后等待属于你的风口降临，这才是最稳妥的策略。

9. 对于自己的客户，永远要秉持"利他"原则。只要对方付了钱，无论金额大小，都要用心去服务，甚至给予对方比你事先承诺的更多、更好的服务。这是最起码的职业操守，它影响着外界对你的口碑。若连这一点都做不到，那么无论做哪个行业都难以长久兴旺。

辑三　财富与控运
财富是对认知的奖励，不是对吃苦的补偿

领域游戏：饱和行业和不饱和行业

行业可分为两大类：饱和行业与不饱和行业。

饱和行业的特点在于对新的人力资源需求较小，行业发展已趋于成熟。在此类行业中，寻求新的突破往往收益难以覆盖成本，因此企业更倾向于保持稳定以获取长期利益。由于市场潜力有限，饱和行业的地位往往更加依赖于社会关系与资历，而对个人突出才能的重视程度相对较低。在饱和行业中，人们更倾向于通过社交手段来建立自己的地位，寻找一个稳定合适的位置比激进的行事方式更有意义。此外，在这类行业中，管理层的政治地位通常高于技术层，人事权成为政治地位的核心。

不饱和行业则对新的人力资源需求较大，且行业持续寻求突破以开拓市场潜力。不饱和行业可进一步分为普世与未普世两类。在未普世阶段，行业地位完全取决于个人的想象力与远见，通过社交手段组建初始团队成为关键，这些人选往往决定着事业的长期成功、发展潜力以及未来可能出现的分裂危机。而一旦行业进入普世阶段，竞争将变得异常激烈，通常是有能力者占据主导地位。在不饱和行业中，人们更倾向于通过提供实际价值来赢得自己的地位，管理层更注重运作协调能力而非人事钻营。

最糟糕的情形莫过于，在不饱和行业中持续的内部斗争、分歧无法得到调和，事情尚未成功就急于瓜分利益，这往往会让更为团结、有组织的外来者坐收渔翁之利。在饱和行业中寻求进取，通常需要采取稳健的策略，既不能滋事，也不能公开对抗，否则会引起在位者的猜忌。

相比之下，在不饱和行业中寻求进取，往往需要运用各种手段来争取时间和利益的最大化。有时甚至需要通过制造事端来提升个人影响力，公然挑战保守的意见与舆论，以此来壮大声势。然而，这种做法往往会引来各方的明确对抗，使自身陷入不必要的危险之中。没有足够的胆识和魄力，几乎难以成就大事。

有趣的是，许多行业都存在着产业升级的需求与可能性，这意味着市场的饱和与不饱和之间存在着微妙但至关重要的变化。谁能准确衡量这种变化，谁更有远见地筹谋未来行业的变化，谁能更敏锐地捕捉关键的行业风向标，谁就能在新的时代中荣享真正的财富与名誉。

但无论如何，切记不要让自己在时代的狂风巨浪中孤独前行。作为渺小卑微的社会性动物，人类个体需要相互扶持，共同面对时代的挑战。

创业必须熟记五条军规

1. 定位：定位即定生死

一个人若无法精准定位自己，便如无头苍蝇，四处碰壁，追逐每一个风口。这犹如农夫耕田，全靠天意，运气好时或许能享半年红利，运气不好则整年颗粒无收。究其根源，在于缺乏自我认知，既不知己为何人，亦不明己应做何事，更不识己之价值。人唯有明了自身价值，方能输出与分享，吸引客户，促成交易，最终将财富纳入囊中。若连自身价值都茫然无知，他人又何须为你付费？

2. 深思熟虑：自力更生还是借鸡生蛋

这实质上是实力与阶段的问题。人的实力何时最盛？自然是鼎盛之时；何时最弱？无疑是创始之初。此时，你需深刻反思：我的实力如何？

与同行相比，我的优势何在？我能否凭一己之力将事业做大做强？若能，便应立即行动，勇于面对挑战与挫折，越早越好，切勿等待；若不能，则需考虑借鸡生蛋。

何谓借鸡生蛋？即寻找一位可靠之人，先依附、追随、学习，再模仿、超越。这是很多高人成功的方法。要知道，鲜有人能单凭一己之力白手起家，即便是古时的帝王亦不例外。如刘邦依附项梁，朱元璋投靠郭子兴等。因此，我们需要清晰认识自己的实力，勇于承认自己的不足，学会低头，掌握策略与技巧，灵活应对。

3. 构筑自己的根据地

历史上，所有失败的政权，皆因缺乏稳固的根据地。四处征战，却无任何积累，尤其是追随你的部众，若无立足之地，长久折腾之下，自然心生厌倦。人心离散，事业必然衰败。这怪不得他们，即便是你这位领袖，也会感到心力交瘁。因此，在明确定位、拥有一定资源后，务必竭尽全力构筑自己的根据地。所有行动，皆应为巩固和扩展根据地添砖加瓦。此处的根据地，更多指的是商业上的"卖点"。

4. 精准定位你的受众

你说自己手头有个很棒的产品，可惜宣传了许久，却无人问津。那么，请你回答：你是否清楚谁最需要你的产品呢？如果你答不上来，那就意味着你的商业模式注定会失败。这就是典型的闭门造车。

打个比方，假设你的好产品是一把梳子，你却总是向头发稀少的中年男性推销，他们能不反感你吗？他们有可能成为你的买家吗？

你应该给男人提供发财的机会，给女人传授变美的秘诀，给小孩提供益智的方案，给老人带来健康的慰藉。这些道理其实早已老生常谈，但遗憾的是，有些人至今仍未能铭记于心。

如果找不准目标受众，你的生意就永远没有发展起来的可能。

5. 后端服务

收了别人的钱，你该做些什么？这是你必须深思熟虑的问题。你可以选择直接将产品交付到客户手中，这便是卖产品、卖实物，一手交钱一手交货，简单明了；你还可以选择将产品的理念、价值深植于客户的脑海中，这便是卖思维、卖服务，虽然过程可能较长，但其价值却可无限放大，价格自然也随之水涨船高。

辑三　财富与控运
财富是对认知的奖励，不是对吃苦的补偿

深耕：如何在行业内成为权威人物

1. 全面涉猎该领域所有书籍与课程，数量应达百本以上，甚至更多。对于其中精髓，应力求铭记于心，即便一时难以领悟，亦须做到心中有数。

2. 在网络上搜寻该领域之关键词，细览前百页内容，以此洞悉该领域的情势动态。

3. 深入研读该领域的论文，自然是越多越好，以达到深刻理解的程度。

4. 持续关注该领域的时事、新闻、圈子动态、活动会议、文章论坛、代表人物及头部同行等，持之以恒，坚持不懈。

5. 广纳案例，结合所学理论，深入剖析案例，总结个人经验。以案例验证理论，并从案例中提炼新经验，用理论推导案例。

6. 主动结交该领域的精英人士，共谋合作，融入这个圈子。

7. 实践测试，不断精进自身的知识与实践经验。

此七点并非按部就班，而需同步混合执行。尤其实践测试，应贯穿所有环节，切勿待学完再行实践。学习与实践需并行不悖，无论理解与否，皆需付诸实践。在实践中，理论为实践的灯塔，实践则为理论的验证与修正。依据实践结果，评判理论的合理性，并总结个人经验与理论。

开窍　开悟　开智

行业竞争中力挫对手的几个要点

在着手实施竞争策略之前，务必深思熟虑，充分认清此行为可能带来的所有影响及自身的真实动机——你是否仅仅因为一时的情绪冲动，而想要采取行动？要知道，情绪化的对抗往往令人失态，显露丑态，无异于在所在圈子内塑造不良形象并降低威望。

当双方实力旗鼓相当时，更应保持冷静，鲁莽冲动只会带来两败俱伤的结果，这种竞争没有真正的胜者；若与对手实力悬殊，对方过于强大，轻举妄动则无异于蚍蜉撼树、螳臂当车，这很可笑；若非情绪冲动，且双方实力相当，则可以进入下一步的理性思考阶段，冷静分析对手与自己目前的关系：

1. 仔细审视对手与我们之间的具体利益联系，明确竞争行为可能带来的潜在损失。深入思考，击败对手的潜在收益是否真的大于可能带来的损失？若对此缺乏清晰的认识，则如同盲目射箭，难有任何好的结果。

2. 认真评估目前与对手的关系状态，是公开敌对、潜在敌对、互不干涉、潜在合作还是公开合作？在这五种关系中，寻找对手和自己在整个竞争局势中的位置，以及预测局势进一步发展下双方关系的可能变化。有时，表面的合作也可能成为欲抑先扬的一种高明策略。

3. 对对手进行深入的心理与价值衡量，考虑其性格特点、常用的手段、实际的地位根基以及社交圈等因素。将这些信息作为制定策略的参考方针，以确保行动的针对性和有效性。

辑三　财富与控运
财富是对认知的奖励，不是对吃苦的补偿

为什么有人吃肉，有人喝汤

为什么有人能吃到肉？

1. 无论出身于何种境况，肉食者都具有极大的出人头地的野心。他们追求卓越，力求将每一件事都做到尽善尽美，若不能至，则心有不甘。他们对待生活从不敷衍，对待自己也从不放纵，每一次的努力都是全力以赴。若事不成，他们宁愿紧握刀锋，哪怕鲜血淋漓，也绝不轻言放弃。

2. 他们只挑战那些具有颠覆性的工作。在世人眼中，他们或许被视为疯子、异类。他们独来独往，如同孤独的狼，而非随波的羊。面对误解，他们从不解释，因为他们做事从不看重他人的评价。在他们的世界里，他们就是主宰，风雨雷电，随心所欲。他们耐得住寂寞，拥有超凡的执行力。

3. 他们自幼便展现出过人的坚忍。堕落与安逸从未被他们列入选项。他们日复一日地自我挑战，内心虽伤痕累累，却从不流露于外。他们的泪水深藏于心底，而非挂在脸颊。他们沉默寡言，却奋力前行。负能量的话语与悲歌，不会出自他们之口。

为什么有人只能喝汤？

1. 喝汤者畏惧风险，若无十足把握，便不敢轻易尝试。

2. 小便宜是他们的最爱，患得患失是他们的常态。

3. 在家听从妻子的吩咐，在外遵从老板的指示。一旦无人指引，便陷入迷茫之中。

开窍　开悟　开智

4. 他们墨守成规，害怕改变，只愿按部就班地生活。

为什么有人连汤都喝不到？

1. 这些人无所事事，贪玩贪睡，一无所长。

2. 学习对他们而言如同酷刑，他们羡慕不劳而获的生活，渴望通过彩票等捷径一夜暴富。

3. 他们心机重重却智慧不足，看似精明实则情商低下。

4. 每日沉溺于算计他人与占小便宜之中，或索性不思进取、懒散度日。

5. 他们懒惰无知且喜欢抱怨生活的不公，随波逐流成为他们的座右铭。

网赚：有没有什么办法可以年入百万

要实现年度收益达到百万的目标，必须满足两大核心要素：一是确保单笔交易具备足够高的利润空间，二是有效吸引并维持庞大的客户群体。在传统线下商业环境中，达成此目标通常依赖于两种策略：要么是通过实现高额的单笔交易利润，例如每笔交易获利 10 万元，全年仅需成功完成 10 笔即可；要么则是依赖于高频次的小额交易积累，比如经

辑三　财富与控运
财富是对认知的奖励，不是对吃苦的补偿

营面馆，每碗面赚取 10 元利润，年销售量达到 10 万碗亦可实现目标。然而，这些路径对于大多数人而言，准入门槛较高，实施难度相对较大。

相比之下，互联网领域为个体提供了更为广阔的机遇空间。在这个平台上，每个人都有潜力触及并实现年度收益百万的目标，但关键在于个体须对自身能力持有坚定信心。毕竟，若连自我信念都缺乏，又何来追求目标的驱动力呢？

为了强化这一信念体系，我们需将宏大的年度目标拆解为一系列具体、可执行的小目标。以下是一个简化的计算模型，用以指导我们将年度百万收益目标转化为每日的具体业绩指标：

若目标为年赚 10 万，则每日需实现收益 274 元；

若目标提升至年赚 30 万，则每日收益目标需达到 822 元；

若目标设定为年赚 50 万，则每日需赚取 1370 元；

若志在年赚百万，则每日收益目标需定为 2740 元。

通过此番细致的拆解，我们不仅明晰了前行的方向，也更容易激发并维持实现目标的内在动力。显然，依赖传统的薪资收入难以触及此等高度，因此，我们必须探索新的路径——专注于产品销售，以此作为通往成功的新航道。

选择一款品质卓越且利润空间可观的产品，并倾尽全力进行推广与销售，这便是我们普通人实现年度收益百万的切实可行之路。以每单利润 300 元为例，为了达到每日 2740 元的收益目标，我们需要确保每天至少完成 10 笔交易。

为了更精确地规划行动路径，我们可以参考淘宝店的平均转化率，

开窍　开悟　开智

该数值通常维持在 3%～5% 之间。这意味着,为了达成每日 10 单的销售目标,我们需要有效吸引大约 200 名潜在客户的关注。

要实现一天内吸引 200 名访客的目标,我们可以采取多样化的策略,如制作并分享短视频、优化 SEO 以提高搜索排名、在贴吧等社区进行活跃推广,或是利用自媒体平台引流等,这些方法均无须额外的广告投入。当然,在付费推广方式中,竞价广告无疑是最为直接且有效的一种。设想一下,如果我们每天都能稳定地吸引 200 名目标明确的潜在客户,那么无论我们销售的是何种产品,成功都将触手可及。一年时间积累下来,我们将拥有一个庞大的精准客户群体,数量超过 7 万人。有了这样的客户基础,任何项目都有可能创造出百万级别的利润。

然而,需要注意的是,大多数新客户在初次接触时都会保持一定的戒备心理。因此,我们需要通过持续的互动和分享专业知识来逐步建立信任关系。通常情况下,大部分客户会在 7 到 15 天的周期内逐渐完成购买决策。当然,也会有一部分犹豫不决的客户需要更长时间的跟进和沟通。

年赚百万并非是一个遥不可及的梦想,关键在于你是否对自己和项目充满信心。但在迈向这一目标的过程中,你还需要系统地学习项目选择、营销策略以及推广技巧等方面的知识。始终铭记,一个精准的目标客户所带来的价值,远远超过一千个漫无目的的访客。

躺赢：找到那些能为你赚钱的人

最佳的盈利策略，无疑是寻找那些如同二十几年前的小马哥，或是十几年前王兴、黄峥般的潜力人物，并给予他们适度的资金支持。历经十数年乃至二十年的时光，我们自然有望收获丰厚的回报。当然，这绝非易事，因为他们在未成名之前，都只是平平无奇的普通人。我们所要投资的，正是他们独到的眼光与潜力，助力他们成长，方能期待获得理想的结果。

想要赚取财富，关键在于善于发掘并投资那些具备伟大志向的人才。从这个层面来看，赚钱的本质其实就是一个不断寻找并投资于那些能够创造财富的人的过程。

在创业的过程中，这一点尤为重要。作为企业的创始人，如果我们忽视了团队中那些拥有伟大志向的年轻员工，他们很可能会选择离开，甚至成为竞争对手的核心力量。因此，我们应该给予年轻人更多的机会和舞台。

那么，如何准确地发现和辨别一个人是否具备这种伟大的志向呢？

第一，就是价值观。简而言之，价值观就是一个人对社会现象、人际关系所持有的简单明确的对错判断标准。我们每个人每时每刻都需要对周围的事物做出判断，而价值观在决定我们是否采取行动时起着至关重要的作用。一个人的成功，往往源于他对每件事情的是非判断大体上是正确的。只要我们坚持做自己认为正确的事情，最终取得了别人未能实现的成就，那么成功就会自然而然地到来。

反之，如果你的判断出现偏差，却仍然一意孤行，那么错误的价值观将引导你走向失败，甚至可能触犯法律，身陷囹圄。

举例来说，有些人为了追求财富，不惜采用非法手段，如内幕交易，结果不仅导致公司破产，自己也因此锒铛入狱。相比之下，那些坚守正道的人，他们深知这种行为的错误性，因此坚决远离，选择通过勤劳和合规的方式积累财富，他们认真经营公司，专注于技术和产品的研发，最终使公司和个人都能够持续稳健地发展。

第二，我们需要观察一个人对自己的期待是否高于常人，是否拥有强烈的成就欲望。

那些抱着得过且过、混吃等死态度的人，是绝不可能成功的。事实上，大多数真正成功的人，他们除了基本的吃饭睡觉，无时无刻不在思考如何成就一番事业，如何做得比别人更好。他们对自己的未来有着极高的发展预期，坚信只要自己把自己当个人物，最终就一定能够成为真正的人物。

第三，我们需要看重一个人是否具备不断学习的精神和自我调适的能力。

在创业和发展事业的过程中，我们难免会遇到各种新的挑战、新的变化和新的环境。在这个过程中，我们需要不断调适自己，通过学习来迅速适应这些外部变化，并最终驾驭这些变化。

辑四

房子和票子

洞悉趋势，让财富滚雪球

第7章

别以为读过几本工具书，就可以投资赚钱了

获利的前提：普通人要脚踏实地

认清自己资质平平这一现实，或许自尊心有点受不了，但是，伤钱总比伤自尊好。

明白了自身的能力与天赋普普通通，那么在股市搏击时，就不会妄想采用那些"捷径"策略以求速成。我们应当寻求一种虽然效率不高，但却稳健可靠的"笨办法"。切莫盲目模仿巴菲特，毕竟世间巴菲特仅有一位，他的出身与天赋均非一般人所能企及，他的那套方法论也并不适合大多数人。

对于普通人来说，技术层面的知识，保持适度关注即可。若能通过积极又不失稳健的操作，每年获得百分之十几的利润回报，便已足够令人满意。

辑四　房子和票子
洞悉趋势，让财富滚雪球

从长远视角来看，每年百分之十几的收益实属可观。相较于那些本金尽失之人，我们已然是赢家。

承认自己资质平平的背后，隐藏着另一层逻辑：在这个世界上，虽然智者众多，但所占比例却极低。我们大多数人并不属于那精英的一小撮，不要妄想有神来之笔。

试想，如果我们拥有卓越的学习天赋，当年便能直接考入清华本科，不是吗？面对同样的学习机会，他人能够成功，而我们却未能如愿，这恰恰证明了我们的学习天赋并不出众。

事实上，不得不承认，如果我们大多数人真的拥有超凡智慧，或许根本不会有机会读到这篇文章。

总结一下，在进行投资之前，大多数人首先需要正视自己资质平平这一现实。作为普通人，就应该有普通人的觉悟，就应当采用适合普通人的策略。自作聪明或者故作聪明，只会被现实抽打得体无完肤。

成功投资的关键是什么

投资犹如行走在一条蜿蜒曲折的峭壁山路上，充满挑战与未知。在这条路上，不少人跌倒，但更多的人依然前赴后继，勇往直前。他们或

开窍　开悟　开智

踏着前人的足迹，历经艰辛而不断前行；或不幸成为路途中风景的一部分，被市场无情吞没。对于那些勇于冒险的投资者而言，或许这正是投资的独特魅力所在。

贪婪、自私、恐惧，这些深植于人性的弱点，在投资世界中却常常成为阻碍。因为投资本就是一件需要逆人性而行的事。显然，要做到这一点并不容易，但如果你能成功驾驭自己的内心，丰厚的回报必将随之而来。

那么，如何才能做到这种逆人性的投资呢？是短线投资，还是长期持有？或许这些策略都有其可取之处，但也并非绝对。因为同样的方法，在不同人的手中，效果却可能天差地别。这其中的关键，其实在于心态。

好的心态，比任何策略都更为重要。它就像一所房子的地基，稳固而坚实；就像一辆汽车的发动机，提供源源不断的动力；就像一艘轮船的龙骨，支撑着整个船体。心态是投资的根基，是重中之重。一个头脑冷静时制订的详细投资计划，与一个冲动之下做出的草率决定，哪个更有胜算，答案不言而喻。

以股市中的小散户为例，若想战胜市场，最核心的策略就是培养一种稳健的心态，做到不因外界的波动而喜悦或悲伤。最佳状态是用闲钱进行投资，若背负沉重的债务去炒股，心态必将失衡，每日沉迷于追涨杀跌之中，最终的结果往往是在黎明前的黑暗中倒下。正如冰冻三尺非一日之寒，稳健心态的塑造也并非一朝一夕之功，需要小伙伴们长期地积累与沉淀。

投资是一场马拉松，而非短跑，因此我们需要用望远镜来审视，而非放大镜或显微镜，紧盯着眼前的微小波动。一颗因紧张而怦怦直跳的心，并不能为你带来真正的利润。短期的市场波动是必然现象，就像心电图上的起伏一样。你怎能奢望市场会一直平稳或持续上扬呢？如果市场真的如此直线运行，恐怕你也不敢轻易涉足吧！因此，投资过程中出现市场波动，实在不必大惊小怪。

事实上，成功的投资并不依赖于高深莫测的理论，正如《卖油翁》的典故所揭示的那样。成功的交易者并不神秘，他们只是通过更多的实践、更久的坚持和技能的更纯熟来达到成功的彼岸。

投资的技巧或许容易学习，但要掌握投资的心态则需要通过严格的训练。以弓箭手为例，他站在悬崖峭壁之上，挽弓搭箭，百步之外射中目标。在这个关键时刻，箭术的高低已经变得次要，如何在千钧一发之际保持心如止水才是关键所在。射术可以由师傅传授，但站在绝壁之上所需的那种沉稳心态，只能靠射手自己日复一日地站在崖壁上慢慢领悟与修炼。

大象无形：从《道德经》看投资

《道德经》中，揭示了三条深奥的道理，掌握这些智慧，你的人生与投资之路将无往不胜。

开窍　开悟　开智

其一：动善时。

这意味着在行动时要把握最佳的时机。如同站在风口之上，顺势而为，万物皆可腾飞，这便是顺应天时的智慧。它强调了择时的重要性，即在合适的时机投资合适的产业，以及找准最佳的入场时机。

其二：大象无形。

此语寓意那些美好的形象和事物往往都是无形无象、难以捉摸的。它们虽然存在于我们的生活中，但大多数人因过于关注眼前的利益和物质，而忽略了这些无形的美好。然而，真正有价值的东西往往隐藏在无形之中，如精神、信仰、感情等。因此，在追求物质的同时，我们更应注重精神上的富足。

在投资领域，这一智慧同样适用。你选择一只股票时，虽然只能看到其有形的K线形态波动，但实际上，真正有影响力的因素是无形的、看不见的，如企业的产能、产品、未来的价值，以及你的定力、知识、战略、耐力、信心等。只有关注这些无形的因素，才能让我们的投资之路走得更远，境界和格局更高。

其三：大器晚成。

鬼谷子有言："春生，夏长，秋收，冬藏，天之正也。"大自然遵循着大器晚成的规律，人生亦是如此。那些经历时间磨砺、最终晚成的事物，往往才是最完美的。这一智慧提醒我们，在追求目标与梦想的过程中，要有耐心和毅力，不要急于求成。因为真正的美好，往往需要时间的沉淀和积累。

务必牢记，所有美好的事物降临之前，往往伴随着一系列的挑战与困境，它们似乎特意前来考验你。那些能够成就伟大事业的人，正是在磨难与困苦中不断积蓄力量，最终才能迎来否极泰来的转折，成就一番非凡的功业。

当你选择投资一家优秀企业时，在行情真正到来之前，各种市场调整、震荡、利空消息与恐慌情绪总会如影随形，不断地磨砺你的意志。但当你深刻理解"大器晚成"的智慧时，你会坦然面对这一过程，因为你知道这是积蓄能量的必经之路，也是锻造你毅力与耐心的绝佳机遇。

趋势与波动：顺势者昌，逆势者亡

投资的本质，是在不确定性中探寻并把握确定性，而这种确定性，我们通常称之为趋势。

在投资过程中，你若能发掘出更多的未来确定性因素，那么你的胜算就会更大，投资成功的可能性也会随之提升。

趋势，指的是事物或局势发展的动向，它表示一种尚不明确或只是模糊设定的遥远目标持续发展的总体运动。趋势就像时钟，时针代表长期趋势，分针代表中期走势，秒针则代表短期走势。

开窍　开悟　开智

　　趋势是长期的运动方向，分针所代表的是中期的运动方向，而秒针则反映了短期的运动方向。走势与趋势相互制约、相互影响。股民往往更注重走势，却忽略了趋势的重要性。

　　走势反映的是波动和振荡，而趋势则是运动的大方向。走势如同行驶过程，有时会需要回头或走弯路。趋势的阈值则代表了一种事物无法超越的最高或最低极限。

　　逆势可能是短期行为，但循环往返的逆势则是与趋势作对，任何逆势行为最终都可能失败，除非有扭转乾坤的能力。

　　趋势理论指出，一旦市场形成上升或下降的趋势，就将沿着这一趋势运行。上升趋势线由波动的低点形成，而下降趋势线则由波动的高点形成。一旦基本趋势确定，趋势理论假设这种趋势会持续，直到遇到外来因素破坏改变为止。

　　趋势理论更注重长期走向，对于中短期的走势无法准确有效地预测。走势的反转是针对上升或下降压力线而言的。在反转走势出现之前，主要走势依然会发挥作用，如同高速行驶的汽车突然刹车，依然存在惯性影响。这一点在实战中非常重要。

辑四　房子和票子
洞悉趋势，让财富滚雪球

核心要素：如果看准，即刻下注

芒格与巴菲特在投资理念上存在差异。作为格雷厄姆的门生，巴菲特擅长发掘被市场低估的公司和股票，即实践"捡烟蒂"策略。然而，芒格给予他重要启示——寻找并投资优质公司。

芒格坚信，以合理价格购入杰出公司，相较于低价收购普通公司更为有利，这能确保长期持有该公司的股票将获得超额回报。这是芒格对巴菲特的独特贡献，也是其个人投资风格的一大特点。

尽管芒格在多数年份的投资回报率超越了巴菲特，但在1973年和1974年，其回报率却骤降了30%以上，这主要归咎于他倾向于重仓投资的特点。

芒格常言，仅需三个精心挑选的投资机会，一旦看准便果断下注。相较于巴菲特，芒格的投资组合波动性或短期浮亏可能更大，但总体收益率或许相当。重仓投资虽伴随剧烈波动，但芒格作为坚定的投资者，一旦做出判断，便不受市场情绪左右。

芒格经常提及，他仅需关注三个投资标的：其一是伯克希尔，他的核心资产所在；其二是Costco；其三虽未明确透露，但很可能是喜马拉雅资本。

芒格与巴菲特均强调，他们寻求的是易于理解、确定性强的公司，避开研究难度大、不确定性高的投资对象。他们要求投资目标在用户基础、增长潜力、市场份额以及收益率等方面必须高度确定，并认为这是他们投资策略中的核心要素。

开窍　开悟　开智

逆向思维：想赚钱就要不走寻常路

　　恐惧与贪婪是人类天生的情感，深植于我们的本性之中。不论时代如何变迁，我们始终无法完全摆脱这两种情绪的束缚。诚如杰出投资人李录所言，人性之中，动物性占据主导，而文化进化的目标便是提升我们的人性光辉，拓展认知的境界，同时抑制那原始的动物本能。这是对人性极为深刻的洞察。

　　在资本市场上，人性的恐惧与贪婪被无限放大。恐惧时，我们如惊弓之鸟，风声鹤唳，一切似乎都充满了危机；贪婪时，我们则欢呼雀跃，市场人声鼎沸，仿佛一切都是美好的预兆。然而，若我们仅凭这些"消息"来指引投资，结果往往不言而喻。

　　巴菲特曾告诫我们，在别人恐惧时要贪婪，在别人贪婪时要恐惧。这实则是逆向思维的智慧——在众人抛弃时我们拾取，在众人争抢时我们谨慎。然而，知之非难，行之不易。否则，市场上也不会有那广为人知的"七亏二平一赚"的规律了。至于最终成为那"七"还是"一"，选择至关重要。

　　选择，决定了我们的命运。投资与炒作，虽看似相似，实则天壤之别。真正的投资者追求价值，他们坚信价值、守护价值、拥抱价值；而炒作之人则沉迷于人心的揣测、人性的赌博与频繁的买卖。世间万物并无绝对的好坏，适合自己的才是最好的选择。通往罗马的大路有千万条，找到属于自己的那条便是成功之道。

辑四　房子和票子
洞悉趋势，让财富滚雪球

在投资的世界里，恐惧与贪婪其实是心灵守护的问题。坚守初心、保持内心的平静，在市场动荡的日子里，我时常会深思：投资的真正目的是什么？面对市场我们能做些什么？我们是真正想要解决问题还是仅仅为了娱乐？这些问题直击灵魂深处，需要我们诚实地面对自己并持续修炼内心。

唯有一颗坚韧不拔的内心，才能抵御人生的无常与市场的纷扰诱惑。投资的难处在于修心。充分了解自己、学会与自己和解、欣然接受自己的选择而不去羡慕他人的"辉煌"成果，这样我们才能坦然面对市场的起伏波动。始终坚持自己的道路、戒除贪婪与嫉妒、保持清醒的头脑，也许我们的投资之路便已经成功了一半！

要明白估测的不可靠性

投资市场是一个错综复杂的动态体系，其内部因素相互交织、相互影响，同时外部因素又难以把握，这使得其运行规律难以捉摸和刻画，凸显了投资市场的不可预测性。

然而，在实际投资过程中，许多人却热衷于预测，或是依赖他人的预测。这些行为实则是投资者对市场认知不足的表现。

开窍 开悟 开智

事实上，无人能够准确无误地预测大盘和个股的具体点位或价位。即使有所判断，也只是基于当时的市场走势而已。因为市场总会以其独特的方式证明大多数预测的错误。

对于那些享誉世界的投资大师而言，他们更倾向于关注股票本身及大趋势，而非耗费精力去预测股市的短期波动。

例如，"股神"沃伦·巴菲特和美国最杰出的基金经理彼得·林奇都曾告诫投资者："切勿预测股市。"因为股市的短期走势无法预测，更别提具体的点位了。即使偶尔预测准确，也只是运气使然，纯属偶然，绝非常态。

巴菲特曾言："我未曾见过能准确预测市场的人。"理解市场的运作机制与臆测市场的未来走向，这两者之间存在着本质的区别。我们或许能够触及市场行为的一些边缘，但却无法全面洞悉其内在逻辑，更无法准确预测其未来变化。市场的复杂性与适应性告诫我们，它始终在不断变化，拒绝被轻易预测。

在巴菲特的投资哲学中，预测并无立足之地。他坚信，投资于业绩卓越、具有长期增长潜力的公司，才是投资的正道。他更是指出："人性的贪婪、恐惧与愚昧，或许可以在某种程度上被预测，但它们所引发的市场后果却是难以估量的。"因为投资者所面对的，无非是市场的起伏涨落。而关键在于，如何利用市场的力量来为自己的投资服务，而不是被市场所牵引，更不应被市场的短期波动所误导，走向错误的投资之路。

深入思考之后，我们不难发现，那些被广为传播、奉为圭臬的市场

辑四　房子和票子
洞悉趋势，让财富滚雪球

预测往往并不可靠。倘若那些活跃于股市和经济领域的预测专家能够持续、精准地预见市场走势，他们早已凭借这一能力成为富豪，又何必四处奔波，以预测为生呢？

不仅个人预测者难以摆脱这种预测困境，即便是投资市场上的大型机构，也同样无法精准把握股市的短期波动。以我国市场为例，近年来众多机构对上证指数最高点位的预测频频失误，便是有力的证明。

回顾2005年年末的情景，各大券商机构在对2006年的市场进行预测时，普遍将1500点视为最高目标位的顶部。当时，有位专家在深入分析股改大势后，提出了一个具有前瞻性的观点，即1300点将成为历史性底部。这一观点在当时却遭到了许多分析人员的质疑和嘲笑。然而，市场走势最终证明了一切，2006年市场以2675点的最高点位收盘，这一数字远远超出了之前的所有预测。

时间推移至2006年年末，绝大多数机构对2007年上证指数的预测都显得相对保守，远低于4000点。然而，2007年的市场走势却出乎所有人的预料，上证指数在长达半年以上的时间里都在4000点上方运行，特别是在10月份，更是一度冲高到6124点的高位。然而，好景不长，随后股市出现了大幅下跌。当时，有很多人预测4000点是底线，绝对不会跌破。但结果呢？股指最终跌破了2000点，这一预测再次被市场无情地打破。

除此之外，还有很多人在2008年奥运会前夕预测，奥运会期间一定会有一波大行情。然而，市场却给出了相反的答案。奥运会前夕，股市表现疲软，甚至在奥运会开幕当天，股市就开始下滑。在奥运会进行

开窍　开悟　开智

期间，股市更是一路向下，跌势汹涌。预期中的奥运行情并没有出现，反而给我们留下了黑色的梦魇。

综上所述，对于具体点位的预测常常是"失算"多于"胜算"。这一事实再次证明了市场的不可预测性以及投资中应更加关注长期趋势和公司基本面的重要性。投资者应该摒弃短期预测的幻想，转而关注公司的长期增长潜力和基本面因素，以制定更为稳健的投资策略。

杠杆原理：一面天使，一面魔鬼

杠杆原理，也被称为"杠杆平衡条件"，这一划时代的发现，源自阿基米德对"重心"理论的深刻探索与挖掘。他揭示了一个重要的物理规律：当两个重物达到平衡状态时，它们距离支点的距离与其重量之间存在着反比关系。阿基米德并未满足于此，他以此原理为基础，开创了一系列令人瞩目的发明与创新。

据传，阿基米德曾巧妙地运用杠杆与滑轮组，成功地将一艘停泊在沙滩上的桅船平稳地送入水中，展现了其原理的实际应用价值。更为传奇的是，在保卫叙拉古城免受罗马海军侵袭的战役中，他利用杠杆原理打造出能够远近投射的投石器。这些投石器射出的飞弹与巨石，曾让强

辑四　房子和票子
洞悉趋势，让财富滚雪球

大的罗马军队在叙拉古城外徘徊三年而不得入，彰显了杠杆原理在实战中的巨大威力。

时至今日，杠杆原理同样可以在投资领域发挥重要作用，实现以小博大、资金高效利用的目标。

以投资服装行业为例，假设你手中有10000元资金，用这笔资金购入衣物，随后以14000元的价格售出，从而获得4000元的利润。这是一种典型的自有资金盈利模式，尚未涉及杠杆效应的应用。

然而，如果你对服装行业的盈利潜力有充分的信心，那么你可以考虑引入杠杆来放大你的投资效果。例如，你可以从银行贷款10万元，贷款期限一周，利息1000元。这样，你就相当于用原本用于购买衣物的1000元"购买"了银行10万元资金一周的使用权。利用这10万元购入衣物，随后以14万元的价格售出，你的利润便跃升至4万元。这就是杠杆操作的典型应用，你的1000元成功撬动了10万元的资金力量，实现了利润的显著放大。

杠杆原理在理财领域的运用，其效用常常以"倍"作为计量单位，展现了其强大的资金放大效应。设想一下，如果你手中仅有100元，却能操控1000元的商业交易，这便是10倍杠杆所带来的魔力。而如果你仅凭这100元就能涉足1万元的商业领域，那么这便是100倍杠杆所展现的神奇力量。

以外汇保证金交易为例，杠杆原理在这里被运用得淋漓尽致。10倍、50倍、100倍，甚至200倍、400倍的杠杆比比皆是，为投资者提供了极大的资金放大效应。最大可达400倍的杠杆，意味着你的本金被放大

开窍　开悟　开智

了 400 倍，手中的 1 万元瞬间化作了 400 万元的商业巨款，让你在商业交易中拥有更大的话语权和操作空间。

在房产按揭领域，杠杆原理同样大展拳脚。大多数人购房并不会选择一次性付清房款，而是运用杠杆原理，以较小的首付撬动整套房产。比如，一幢价值 100 万元的房子，如果你只需支付 20 万元的首付，那么你就运用了 5 倍杠杆。当房价上涨 10% 时，你的投资回报便可高达 50%，实现了资金的快速增值。而如果首付进一步减至 10 万元，杠杆则升至 10 倍，房价同样的涨幅将为你带来 100% 的投资回报。

然而，正如俗语所言，"甘蔗没有两头甜"，杠杆原理既能够放大投资回报，也同样能够放大潜在损失。再以那幢价值 100 万元的房子为例，若房价下跌 10%，5 倍杠杆将带来 50% 的惨重损失，而 10 倍杠杆则可能使你陷入资不抵债的境地，投入的 10 万元损失殆尽。昔日美国所经历的次贷危机，便是高倍杠杆所酿成的苦果，给全球经济带来了深远的影响。

在股市和楼市蓬勃发展的时期，许多人被高回报所诱惑，渴望能将杠杆放大至百倍以上，以期迅速实现财富的急剧增长。然而，他们往往忽视了杠杆的另一面，当股市和楼市遭遇重创，价格出现大幅下滑时，杠杆的放大作用却变成了一把双刃剑，无情地切割着投资者的资产。许多投资者在面临巨大压力时，不得不以低价抛售手中的股票和房产，这种抛售行为不仅导致个人资产的严重缩水，更可能引发一系列负面的连锁反应。越来越多的家庭因此陷入资不抵债的困境，他们只能以更低的价格变卖资产，从而陷入一个恶性循环之中。这种恶性循环的加剧，甚至可能引发严重的经济危机,给整个社会带来深重的灾难。

因此,在运用杠杆原理之前,我们必须深刻认识到一个核心问题:

成功与失败的概率究竟如何权衡?如果盈利的可能性较大,那么适当加大杠杆或许能带来更快的收益增长;然而,如果失败的风险占据上风,那么此时利用杠杆原理无异于自掘坟墓。它不仅会加剧潜在的损失,甚至可能引发灾难性的后果,使投资者陷入无法自拔的困境。因此,在运用杠杆原理时,我们必须保持清醒的头脑和冷静的判断力,权衡利弊得失,做出明智的决策。

摆脱初学者对低价股的误解

杰出的企业,犹如皇冠上璀璨的珍珠,无论是在欧美市场还是国内市场,都显得尤为珍贵和稀有。然而,从长远的投资视角来审视,真正具备持久投资价值的企业,其占比往往不会超过5%。因此,发掘并紧紧拥抱这些出类拔萃的企业,自然成了我们投资策略中的重中之重。那么,何谓杰出企业呢?简而言之,它们通常拥有坚实的护城河、强劲的产品竞争力、良好的经营历史、对中小投资者的慷慨回报,以及一个卓越的管理团队。这些企业并非遥不可及,它们或许就潜藏在我们的日常

开窍　开悟　开智

生活中，与我们息息相关。只要我们细心观察，用心发掘，定能找到那些值得长期投资、能为我们带来丰厚回报的优质企业。

投资是一场不断比较与抉择的旅程。即便是面对卓越的企业，我们也需要为其匹配一个合理的价格。要判断一个企业的价值是昂贵还是便宜，我们必须学会深入剖析企业的基本面，恪守"价值至上"的投资原则，力求以更低的成本获取更高的价值。常有人误以为，股价5元的企业相较于股价100元的企业更为便宜，低价股下跌空间有限，风险更低。然而，这不过是初学者的误解而已。价格的高低，应该与其内在价值相权衡。如同用5元购买一个价值仅0.1元的物品，与用100元购买一个价值10元的物品相比，孰优孰劣一目了然。在日常生活中，我们购物时总会货比三家，寻求性价比最高的商品。但在股市中，投资者却往往迷失方向，被市场的短期波动和诱惑所牵引。因此，我们需要保持清醒的头脑和坚定的投资理念，在股市中同样做到"货比三家"，寻找那些真正具备投资价值的企业。

优秀公司的股票价格往往不菲，然而，只要我们能够以合理的价格购入，其长期回报必将超越那些以低价购入的平庸公司。不过，在多数情况下，优秀公司的表现可能并不那么引人注目，投资者或许需要经历长时间的等待，这种等待或许会让人觉得枯燥无味，缺乏刺激。因此，许多投资者总是想要采取一些行动，以彰显自己的"投资者"身份。

然而，真正的投资者不仅清楚自己应该做什么，更明白自己不应做什么。投资往往是逆人性的，了解何为不可为，比知道何为可为更为关键。那些随心所欲的投资者，最终收获的很可能也只是随意的结果。耐心等待，是投资的基本功，也是投资者必备的品质。正如巴菲特曾戏言，自己用耐心赚取的收益，远远超过了用智慧所得。当我们真正理解并践行这一投资思维时，便会发现投资赚钱的真谛所在。

如何防止股票被套牢

在变幻莫测的股市中，即使投资者拥有丰富的经验，也难以完全摆脱被套牢的风险。那么，如何尽量预防股票被套牢呢？这是一个错综复杂的问题。这里只能提供比较稳妥的建议。

1. 树立稳健的投资观念至关重要。

从投资的起点开始，我们就应聚焦于那些具有良好发展前景、业绩稳步增长的企业股票。避免盲目、赌博式的购买行为，因为最终受损的只会是投资者自己。换言之，在决定投资前，必须深思熟虑，明确自己的投资策略，并在卖出时也应有充分的逻辑依据。

2. 耐心是投资成功的关键，要善于在股价下跌时寻找买入机会。

当市场整体下滑后，个股价格趋稳时，可考虑适时入场。但此刻，设置止损点显得尤为重要，一旦设定，就必须严格执行，这需要投资者

开窍 开悟 开智

具备坚定的纪律性。同时，对于长线投资，我们应选择那些具有持续增长潜力的股票。若股价长期表现疲软，则应及时抛售。股市中充满了无数的机会，错过一次上涨并不会带来损失，然而，一旦被套牢，则将面临实质性的资金损失。

3. 应谨慎避免购买那些在历史高点附近交易的股票。

这类股票往往已经历了市场的热烈追捧，价格已大幅攀升。此时，大资金可能正在悄然撤离。若投资者盲目追高，很可能会陷入主力资金的陷阱。尽管有时我们会听到一些关于主力的传闻，但这些消息并不可靠。因为抛售行为是主力的私密操作，他们不会向外界透露真实意图。因此，我们的交易决策应完全基于市场分析和判断，而非依赖小道消息。

4. 密切关注成交量变化是投资中的重要环节。

在股市中，某些股票的下跌可能并无明显诱因，这种情况并不足为惧。然而，成交量的异常放大却是一个需要警惕的信号。特别是当某只股票被大量资金持有时，其成交量不应出现剧烈波动。一旦出现这种情况，很可能是主力资金在撤离。因此，我们必须对任何异常的成交量变化保持高度警觉，并审慎应对。

5. 警惕中阴线的威胁。

当大盘或个股跌破广为认可的支撑位，并显露出中阴线的苗头时，我们必须高度警觉。特别是对于那些原本表现强劲的个股，中阴线的出现往往会引起中线投资者的恐慌，进而可能触发大规模的抛售潮。在此背景下，即便主力资金无意出货，也可能因无法维系股价而被迫抛售，从而导致股价进一步下滑。因此，无论何时何地，一旦中阴线显现，都

辑四　房子和票子
洞悉趋势，让财富滚雪球

应考虑及时出货以规避风险。

6.精通一技，遇险即退。

技术指标繁多，但掌握其一便足以洞悉股市动向。深入研究并精通一个技术指标，你便能准确把握个股走势。一旦察觉形势不妙，关键支撑被破，务必迅速撤离，以保资金安全。

7.远离问题股票，谨慎投资。

在选购股票前，深入剖析其基本面至关重要。特别要关注股票是否存在隐患，尤其是几个核心指标。若基本面存在不稳定因素，务必保持谨慎，提高警觉，以防基本面突发变故。

8.技术面为主，基本面为辅。

优质的股票在大盘形势不佳时亦难逃下跌命运，而表现平平的股票在大盘向好时也有可能逆势上涨。因此，投资者应时刻关注大盘形态。即使持有大量资金，当形态恶化时，也应考虑减持至少30%的仓位，待形态修复后再行买入。同时，对任何股票都不可盲目迷信，忠诚于某只股票并非明智之举。持续持有而不动，更是懒惰和愚蠢的表现。

以上所述，皆为股票投资的基本法则与技巧。遵循这些原则，将有助于提高盈利概率。然而，股市变幻莫测，投资者还需广泛了解实时财经信息，在科学判断的基础上进行投资，方能真正做到稳健盈利。

开窍　开悟　开智

巴菲特语录：你所经营的不只是投资，更是人生

1.人生中最重要的投资决策是跟什么人结婚。在选择未来伴侣这件事上犯了错，你真的会损失很多。而且这个损失，不仅仅是金钱上的。

评述：在人生的征途中，我们必须深刻领悟哪些要素才是至关重要的。当我们明确目标，并竭尽全力将这些核心事务做到极致，成功便已触手可及。然而，若一个人的家庭出现裂痕，那么即便他在职业领域取得了举世瞩目的成就，其人生也难免留下失败的阴影。因为家庭的幸福与和睦，乃是衡量人生成功与否的重要标尺，一旦失衡，任何事业的辉煌都难以掩盖这一缺憾。

2.股票场是财富的再分配系统。它将金钱从那些没有耐心的人身上夺走，并分配给那些富有耐心的人。

评述：财富不会涌入急于求成者的怀抱，越是焦急追逐，它越是遥不可及。明智之举在于积聚力量，稳步前行，静待独属于自己的机遇降临，从而一展宏图，扶摇直上。

3.有的企业有高耸的护城河，里头还有凶猛的鳄鱼、海盗与鲨鱼守护着，这才是你应该投资的企业。

评述：投资的目标，应当是那些拥有核心竞争力、独一无二且难以被模仿的企业。稀缺性，是衡量一个投资项目价值的重要指标。以国酒茅台为例，其独特的品牌魅力和不可复制性，正是其吸引投资者的关键所在。

辑四 房子和票子
洞悉趋势，让财富滚雪球

4. 我不是天才，但是我在某些事情上很聪明，我就只关注这些事情。我并不试图跨过 7 英尺高栏杆，我到处找的是能跨过的 1 英尺高的栏杆。我是一个非常现实的人，我知道自己能够做什么，而且我喜欢我的工作。也许成为一个职业棒球大联盟的球星非常不错，但这对我是不现实的。

评述：明智之人懂得取舍与选择，他们了解自己的能力范围并坦然接受自己的不足。专注于自己擅长且热爱的事业，方为成功之道。

5. 我试图购买出色到傻子都可以经营的公司的股票，因为，迟早都会有个傻子来经营的。

评述：诸如可口可乐与贵州茅台这样的企业，恰恰印证了巴菲特的理念——即便是傻子也能运营。它们的产品具有独特的垄断性，且能引发消费者的反复购买。与科技产品不断推陈出新不同，这些公司的商品历经百年而口味如一，无论是可乐还是茅台，都保持着那份经久不衰的经典风味。

6. 投资诀窍就是坐在那里看着一个个扔来的球，并且等待打到你的最佳位置的那个。

评述：世间万物，非急功近利之所能成。人需深知己之所能，亦应洞察己之所爱，专注于擅长之事，方能渐行渐远。在日常生活中不断积累力量，韬光养晦，静待那些真正属于你且你能牢牢把握的机遇。

7. 建立一个好名声需要 20 年，而毁掉它只需要 5 分钟。如果你想到这一点，你做事的方式就会不同。

评述：投资之道，犹如攀登险峰，须臾不可懈怠。稍有不慎，便可能失足滑落深谷，致使所有艰辛付诸东流。在这场没有硝烟的战场上，

开窍　开悟　开智

只有时刻保持警惕，步步为营，方能稳步登顶。

8. 只要你没做太多的错事，一生中，你只需要做几件正确的事情。

评述：人生之路，关键处仅数步之遥，抉择正确则前程似锦，选择失误则荆棘密布。投资之道亦是如此，决定成败的往往只是那寥寥数次选择。以巴菲特为例，其辉煌成就正源于精准把握的几只股票，诸如可口可乐、吉列、华盛顿邮报、喜诗糖果等。

9. 我坚持花很多时间，几乎每天，只是坐下来思考。这在美国商业环境中非常罕见。我阅读并且思考。因此，我比大多数商业人士阅读和思考得更多，也更少做出冲动性的决策。我这么做，是因为我喜欢这样的生活。

评述：成功人士皆有两个共通之习性——阅读与沉思。阅读，以汲取前人智慧，拓宽视野；沉思，以凝练思想，洞察世事。

10. 1919年，可口可乐公司上市，价格40美元左右。一年后，股价降了50%，只有19美元。然后是瓶装问题，糖料涨价等。一些年后，又发生了大萧条、第二次世界大战、核武器竞赛等等，总是有这样或那样不利的事件。但是，如果你在一开始用40美元买了一股，然后你把派发的红利继续投资于它，那么现在，当初40美元可口可乐公司的股票，已经变成了500万。这个事实压倒了一切。如果你看对了生意模式，你就会赚很多钱。

评述：倘若一家企业拥有卓越的商业模式，其股价的下跌实则是千载难逢的投资良机。诸如前文所述的可口可乐，以及曾经因塑化剂风波而股价重挫至百余元的茅台，皆是如此。在这些企业遭遇困境时，其真正的价值并未改变，反而为明智的投资者提供了低价买入的绝佳机会。

辑四　房子和票子
洞悉趋势，让财富滚雪球

第 8 章

抓住房地产的创富机会

购房者不可使用炒股思维

在进行任何形式的投资之前，深入研究和充分准备是必不可少的。以房地产投资为例，若缺乏对区域经济发展的深刻理解，那么贸然行动绝非明智之举。

房产投资与炒股截然不同，它要求我们摒弃炒股的短视与浮躁。当我们提及房产投资为稳妥选择时，我们所指的是那种深思熟虑的长线布局，而非仓促的短线投机。短线炒房，受政策波动影响极大，稍有不慎便可能因资金链断裂而陷入无法自拔的深渊。

在风云变幻、政策调整在即的关键时刻，将目光投向一线城市的郊区房产显然是不明智的。房地产调控政策主要聚焦在一线城市，而这些城市房价的波动也必将波及到其郊区，那里的楼盘难免受调控的影响。

开窍　开悟　开智

然而，资金流动的规律却为我们指明了另一条道路：当一线城市的投资空间被压缩时，资金必然会流向那些房价更为亲民的二三线城市。随着大型开发商的进驻，这些城市的面貌必将焕然一新。因此，在这个调控信号初现的时刻，我们更应把握机会，在二三线城市中布局，而非固守一线城市。

购房并非炒股，其目的在于抵御通胀、保值增值。只要我们选择的房产位置和户型适中，从长远来看，其回报必将远超通胀率。在此过程中，我们不应陷入逃顶抄底的思维误区，当然，对于那些纯粹以炒房为生的投资者来说，确保资金链的稳定至关重要，因为他们追求的是短期收益，同时也必须承担政策变动的风险。

在个人房产投资方向的选择上，以下几点经验分享，或许能为大家提供一些启示：

1. 对于自己不熟悉的城市，务必保持谨慎，不要轻易涉足。

2. 中小城市的房产投资需特别小心，即便房价有所上涨，也可能面临变现困难的窘境。相对而言，省会城市及计划单列市等较大城市通常更为稳妥。

3. 远离大城市的偏远旅游地，其房产几乎无法变现，因此不建议投资。

4. 对于大城市的郊区房产，投资时需审慎考虑。除非价格极具优势，且该区域外来人口众多、政府有明确的发展规划，同时与城区存在显著的价格差，否则应慎重抉择。

悖论：房价波动对自住者没有影响

有一种观点认为，拥有一套自住房的人，便可以无视房价波动。

事实上，房价的起伏对所有市场参与者——无论是无房的刚需族、仅有一套自住房的居民、寻求居住条件改善的群体，还是房产投资者——都会产生深远影响。

对于无房的刚需族而言，房价上涨无疑加剧了他们买房的负担。那么，是否意味着拥有一套自住房的人便能置身事外，无视房价的涨跌呢？答案显然是否定的。

现代人的职场变迁、子女的教育问题等都与个人生活息息相关。曾经近在咫尺的工作地点，可能随着职业变动而变得遥不可及，这时换房便成了必然选择。若目标区域的房价飙升，而原有住房价格原地踏步，那么换房的成本将大幅攀升，甚至可能迫使业主低价出让现有住房，以筹集更多资金购置新居。反之，若原有住房价值亦随之上涨，则可能实现零成本换房。

对于寻求居住条件改善的业主来说，首套房产的价值直接决定了他们升级住房所需承担的额外成本。房产价值较高的业主，在面临资金缺口时，可以选择出售现有住房，换购一套面积较小或地段稍偏的住宅，以余款应对困境，虽然生活品质可能因此有所下降。而那些仅拥有勉强自住的低价房产，或根本无房产可依托的个体，在遭遇困难时则显得捉襟见肘，缺乏应对的余地。

开窍　开悟　开智

对于一些选择安逸生活的业主而言，一旦职业生涯告一段落，他们可以选择出售大城市的房产，带着丰厚的资金回到家乡，享受无忧的晚年生活。如今，这种生活模式似乎正逐渐成为一种趋势，引人深思。

房租大涨时代或许即将来临

房产的保值作用，并非仅仅源于其价格的上涨，更在于即将到来的高租金时代。未来的租金水平，或许将超出大多数人的想象。

房价中不仅包含了成本、开发商的利润，还蕴含了对未来通胀和租金上涨的预期。简而言之，现今的房价并非反映当前的房租，而是预示着未来的房租水平。因此，以现行的房价收入比来衡量房产是否存在泡沫，是片面的。事实上，房租正持续攀升，通胀越严重，租金上涨的速度也越快。

推动房租上涨的因素错综复杂：

首先，供求关系起着决定性作用。市中心的优质房源，尤其是学区房，始终供不应求，而郊区偏远的房屋则相对较难出租。

其次，投资预期也不容忽视。房价与房租紧密相连，当房价上涨时，投资者更看重房屋买卖的差价利润，对房租的关注度降低。这时，房租处于次要地位，从而出现了高房价与低房租并存的现象。然而，当政府进行调控时，投资者对房价的预期会发生变化，进而将投资收益的焦点转移到房租上。这种心理转变会导致整体房租的上涨，这也是调控政策引发房租上涨的原因之一。

最后，成本因素同样重要。成本构成了房东的心理底线，在通胀和可能出台房产税的共同影响下，房东的心理预期会发生变化，持有成本会持续上升，从而推动房租的增加。对于偏远地区供过于求的房屋而言，房租不一定会下降，因为多数人难以接受降价，心理持有成本起到了支撑作用。因此，房东宁愿选择空置也不愿降价出租。但随着基础设施的完善、房租的上涨以及需求的增加，偏远地区的空置率将逐渐降低。

买房要有开发商思维

其实，这个道理浅显易懂：在房地产行业景气时，你不买房，房价依旧会涨；而你若购房，不仅享受了居住的舒适，更可能因此获利。换言之，拥有开发者的思维方式，才能更好地把握生活的舵。这与炒股有异曲同工之妙。

众所周知，股票与房地产虽然不同，但它们都是财富再分配的工具，

开窍　开悟　开智

而非财富的创造者。然而在这场财富的再分配中，是庄家分配散户的财富，而非散户分配庄家的。因此，炒股也需具备庄家的思维，方能盈利。道理相通，不言而喻。

21世纪以来，我们耳畔充斥的是媒体对个性张扬、小资情调、新新人类以及"哈X"一族的鼓吹。然而，数年光阴转瞬即逝，当我们回望过去，究竟留下什么？事实上，是那些家庭观念深厚、秉持传统价值观的人们收获最为丰盈。

众多购房人并非出于投资增值的考量，而是源于强烈的家庭观念和较为传统的思想。他们在一线城市奋力拼搏，只为能够购置房产，将父母、岳父母接来共聚一堂，享受天伦之乐。起初，他们或许只能购置小户型，享受夫妻二人的温馨时光。但随着收入的增加，他们会进一步购买更大户型的改善性住房，以接纳父母同住。而当宝宝降临，学区房也随之成为他们的考虑之选。在房价的不断攀升中，他们不知不觉地从普通家庭迈入了拥有千万资产的富裕阶层。

反观那些曾经崇尚租房、追求新新人类生活方式的人们，如今却可能转变为愤世嫉俗的群体，昔日的情调与小资气息已荡然无存。

辑四　房子和票子
洞悉趋势，让财富滚雪球

如何拿捏买房的好时机

众多朋友对购房时机的选择颇为关注。对此，我们需明确区分自住需求者与投资需求者，同时也要对一线城市与二三线城市采取差异化的考量策略。

如果是自住需求者（特指普通民众），倘若财力允许，有幸遇到了国家调控的良机，那么就应果断精挑细选，做足准备，迅速行动。因为在商品房热销期，要想购得一套户型、位置、楼层都令你满意的房子，实属不易，几乎没有挑选的余地。而在调控期，尽管房价可能并没有明显下降，但你将拥有更多的选择空间。

对于投资者而言，购房问题则更为复杂，需要考虑的因素也更为繁多，不同条件的人会有不同的投资需求。总的来说，在严厉调控期，需要关注以下几点：

第一，新盘价格是否低于周边二手房价格。

第二，看房人数是否持续增加。

第三，开发商拿地热情是否大幅减退，以至于多处土地流拍。

如果您手头宽裕，且购房主要用于自住，那么并不一定非要追求抄底。因为货币贬值是必然趋势，而房价在较长时期内上涨的趋势也是毋庸置疑的。然而，短期内波段性的抄底和逃顶却难以把握，尤其是自住需求者，过多考虑这些实无必要。

持币观望将面临房价持续上涨的风险，而购房则可能面临短暂的小

开窍　开悟　开智

幅下跌。哪个风险更大，需要您根据自身情况认真考虑。对于一线城市，如上海，短期内房价可能会出现滞胀甚至小幅下跌。当新房价格低于周边二手房价格，并且成交量开始逐渐攀升时，就是购房的绝佳时机。

什么样的房源才是首选

谈及购房，无论是出于投资目的还是自住需求，核心要素依然是稀缺性，而学区房往往是首选。

对于自住而言，政府公务员小区是极佳的选择。其商业、教育及休闲娱乐等配套设施之完善，远超一般商品房。特别是考虑到商品房随时间推移可能面临的老旧问题，如电梯故障频发，加之物业管理不善或业主拒缴物业费等导致的居住体验下降，公务员小区则无须担忧此类问题。其原则明确：谁的孩子谁认领，谁的孩子谁负责，政府有力确保了社区的持续维护与管理。因此，选择公务员小区作为购房目标，即便房屋老化，也能保证有人管理，避免了物业弃管、小区衰败的风险。即便原址重建，单位也会保障在原址上还你一套。

当然，也存在因单位经营状况变化或不存在的老公房，这些房屋最终可能面临拆迁。虽然无法享受原址回迁的便利，但通常会得到迁至远郊区

辑四　房子和票子
洞悉趋势，让财富滚雪球

县的补偿，且条件通常颇为优厚。离开城市中心前往郊区，往往意味着获得丰厚的经济补偿。这充分说明了位置对于房产价值的决定性作用。

以北京为例，郊区农民房的拆迁补偿可能达到每平方米两万元的高价，而城市中心房屋的拆迁补偿则往往以每平方米十万元为起点。那些愿意斥巨资在城市中心购置老房的人络绎不绝，因为他们深知，他们所购买的不仅仅是房屋本身，更是那无法复制的地段价值。

那么，如何寻找这类房源呢？

每个城市都有其独特之处，北京的情况尤为特殊，市面上流通的房源多以单位的老公房为主，诸如老计委、中石化的房产均可见其交易身影，然而新房源却如凤毛麟角，难以寻觅。

相较于北京，二三线城市则展现出另一番景象。这里，大型企业所构建的新小区比比皆是，且众多房源均在市场上交易活跃，为购房者提供了丰富的选择。

展望未来，多数房屋终将面临拆迁的命运，这是必然趋势。在城市的拆迁、改造与升级浪潮中，崭新的建筑如雨后春笋般涌现。然而，随着拆迁改造成本的日益攀升，房价也随之水涨船高。当前，拆迁改造项目多聚焦于 70~90 平方米的中等户型建筑，这些房屋在未来恐将成为新的"城中村"。经由二手置换的流转，这类房产或将演变为新的打工者聚集区。而未来的拆迁改造，无疑将更加注重环境品质，大户型住宅将成为市场的新宠。

然而，市中心的房产，即便在未来人口减少的趋势下，其稀缺性与高昂价值依旧不可动摇。若手头宽裕，市中心的大户型无疑是首选。购

开窍　开悟　开智

置市中心的老旧二手房，实则蕴含颇深学问，关键在于选取位置优越、低密度、低楼层的住宅。此类房产因密度低，拆迁更为便捷。反观高密度塔楼，拆迁难度颇大，高昂的拆迁成本常令开发商望而却步。当前，居住于市中心高层旧式塔楼的富裕阶层，未来多会选择二次置业，而这些塔楼则可能逐渐成为新一代年轻中产阶层的过渡性居所。

对于高层电梯房，随着时间的推移，电梯老化将成为一大隐患。优质的单位福利房通常由单位负责维护，但商品房小区，尤其是小型开发商的楼盘，则可能面临诸多麻烦。因此，此类楼盘需谨慎考虑。

另外，购房时，价格并非唯一考量因素，诸多细节亦需深思熟虑。

1. 学区房应作为首要考量。对于非富二代、普通工薪阶层而言，购房难度或将逐年攀升。因此，一步到位的选择至关重要。若未来有生育计划，学区房更是需优先考虑的因素。

2. 在三线及以下城市，购买大开发商打造的高品质新盘是明智之举。这不仅关乎居住的舒适度，更对未来房产的升值潜力提供了有力保障。若选择二手房，也应倾向于大开发商所建的次新房，以确保品质与价值。

3. 面对三线及以下城市普遍的拆迁改造与城市升级趋势，需警惕拆迁风险。须知，城市规模越小，拆迁补偿往往越低。因此，在购房时，应规避那些周边存在大量老旧多层住宅或城中村的区域，以降低拆迁风险。相反，若周边多为新盘或次新盘高层住宅，则拆迁的可能性相对较小。

4. 在二三线城市购房时，应优先考虑城市中心或政府有明确规划的高端住宅群。切莫因贪图价格便宜而选择偏远地区，以免未来改善置业时面临更高门槛。首次置业，应力求一步到位，为未来的居住与投资价值奠定坚实基础。

贷款买房：选择长期贷还是短期贷

在购房置业的过程中，选择房贷期限是一项至关重要的决策。有人主张房贷期限越长越好，因为这样能有效减轻每月的还款压力；而另一些人则坚持选择较短的期限，以期节省长期的利息支出。针对这一议题，我们来深入探讨一下长期与短期房贷的各自利弊，并给大家提出合理的选择建议。

长期房贷的显著优势在于其每月还款金额相对较低，这为购房者，尤其是年轻家庭或初入职场的人士，提供了更为宽松的经济环境。较长的贷款期限使得每月还款变得更加可承受，有助于购房者在生活支出与房贷负担之间找到更好的平衡点。

然而，长期房贷也伴随着不可忽视的劣势。一方面，长期的贷款意味着购房者将支付更多的利息，从而增加了整体的购房成本。另一方面，长期的还款周期延长了购房者的负债时间，这可能对个人财务规划和未来生活造成一定的负面影响。

开窍　开悟　开智

相对而言，短期房贷则以其能减少利息支出、加速贷款偿还速度而备受青睐。选择短期房贷，购房者可以更快地获得房屋的所有权，减少因长期负债而带来的不确定性。这不仅有利于未来的财务规划，也更有助于个人资产的积累与增值。

然而，选择较短的贷款期限也意味着每月还款金额相应较高，这可能会给购房者带来更大的经济压力。尤其是对于收入较低或家庭负担较重的购房者而言，较高的还款额度可能难以承受，进而影响到日常生活和家庭支出的平衡。

在选择房贷期限时，购房者应全面考量个人的财务状况、收入水平以及未来的生活规划等多重因素。对于那些拥有稳定收入且还款能力较强的购房者来说，选择较短的贷款期限是一个值得考虑的选项，这样既可以节省利息支出，又能加速贷款的偿还进程。而对于收入较低或经济压力较大的购房者，则更适合选择较长的贷款期限，以减轻每月的还款压力，从而更好地保障生活质量。

此外，房贷期限的选择还应与所购房屋的性质紧密相关。对于自住房，购房者往往更倾向于选择长期房贷，以减轻还款压力，确保自己和家人的居住需求得到满足。而对于投资性质的房产，则可以更加灵活地选择贷款期限，根据市场状况和投资回报来做出更为合理的决策。

此外，购房者在决定时，还应细致考虑利率变动对不同期限房贷的具体影响。在利率处于较低水平的时期，选择期限较长的房贷可能显得更为明智，因为这样可以锁定低利率，长期享受稳定的还款条件。相反，在利率较高或预期将下降的时期，选择期限较短的房贷可能更为合适，这样可以避免未来利率上升导致的利息成本增加。

另外，购房者还需密切关注政策环境对房贷期限选择的影响。鉴于政府对房地产市场的调控力度持续加强，购房者可能会面临更为严格的贷款政策和限制。因此，在选择合适的贷款期限时，购房者必须充分考虑政策变动可能对个人财务状况产生的深远影响。

一步一坑：细数无良中介的交易陷阱

面对纷繁复杂的房产交易内容，我们常常需要借助房产中介的专业服务来顺利完成交易。然而，房产中介行业良莠不齐。接下来，我们就来揭露一些不良房产中介常用的坑人套路。

第一，利用购房资格赚取额外利润。

在限购政策依然执行的当下，许多购房者在购房时往往忽视了自己的购房资格，或者错误地认为中介能够解决这一问题。这正中了不良中介的下怀。他们通常会在一开始接触时，就了解你的情况，然后告诉你："没关系，像你这样的情况很常见，我们都可以解决，放心吧。"或者"我们每个月都会遇到像你这样的情况，人家在我们这里都顺利买房了。"

听了这些话，你可能会很高兴，认为中介果然专业，从而不再担心

开窍　开悟　开智

自己的购房资格问题，错误地认为中介会帮你解决。然而，这时你已经掉入了他们的套路之中。

于是，套路开始……

第一步，在签署二手房买卖合同时，合同中会明确规定：若买卖双方中的任何一方因自身原因无法正常完成交易过户程序，或在合同约定的时限内未能完成交易，即视为违约行为。违约方须根据合同约定向另一方支付违约金。未违约的一方有权对违约方提起法律诉讼，以追讨应得的违约金。

第二步，在你前往银行办理贷款或过户手续之前，房产中介可能会询问你购房资格的问题，并以各种方式解释他们从未承诺帮你解决这一问题，只是你误解了他们的意思。接下来，他们会开始安抚并诱导你，要求你支付额外费用给他们，由他们帮助解决购房资格问题。这笔费用可能高达数千甚至上万元。

第三步，如果你不同意支付这笔额外费用，中介会着重提醒你注意合同中的违约责任条款，并声称你也可以自己去解决购房资格问题，但你必须注意时间限制，以免被卖方指控违约，并因此需支付数万元的违约金。如果你想要退单，中介会告诉你，根据合同约定，你不仅需要向卖方支付违约金，已交的中介费也无法退还。

在这种情况下，许多人在权衡利弊之后，会选择妥协并支付中介费用，以寻求他们的帮助。然而，实际上并没有所谓的"他们能找人解决"的问题，这只是中介利用你对购房流程的不了解而设下的圈套。原本应该是中介为你提供的服务，却被他们利用来额外赚取你的钱财。

辑四　房子和票子
洞悉趋势，让财富滚雪球

第二，巧用房贷，谋取不正当利益。

第一种手法：先以某银行低利率房贷为饵，但声称需在该行有一定存款。当你心动却因资金不足难以开户存款时，陷阱便悄然布下。此时，中介会声称他们与正规金融公司有合作，可为你提供贷款服务，无须任何抵押，只需两个月后即可全额取出存款并还款，其间你只需支付两个月利息。

第二种手法：同样以某银行低利率房贷为诱饵，但声称审批难度大，要求烦琐，可先帮你尝试申请。随后，他们会要求你提供所有银行卡流水、收入证明、车贷证明等材料，实则是为了从中寻找并编造你被银行拒贷的理由。次日，便会告知你被银行拒绝，并当着你的面给"银行客户经理"（实为事先安排好的托儿）打电话，同时开启免提让你旁听。

接着，中介便会表示他们仍有办法，但需你支付一定费用以便他们"疏通关系"。

以上两种手法，根本不存在所谓的"找关系办事"，只是中介利用了你对房贷办理流程的不熟悉和信息不对称而下的套。

还有一种更为恶劣的手法：明明知道你无法贷款，却谎称可以办理。等你交了首付款和中介费后，他们再告诉你无法贷款，必须补足全款。如果你选择放弃，中介费便被中介收入囊中。

第三，赚取差价的惯用手段。

1. 阻断你与卖方的直接接触

中介会利用各种借口，如"业主在外地无法返回""业主已独家委托我们代理"等，阻止你与卖方直接见面。同时，在取得业主信任后，他们会告知业主无须出面，只需签订一份代理协议（而非委托协议），所有事宜均由他们代办。从看房、谈价格到签合同，你都没有机会见到业主。甚至在过户时，他们也会故意将你们分开，一个去窗口办理，另一个则在等候区等待，并有中介人员专门陪同。这种安排无疑是为了方便他们暗中赚取差价。

2. 与卖方勾结

中介会直接与卖方商定一个价格，比如总价200万，卖方拿到这200万后，超出部分则全部归中介所有。在这种套路下，你在谈价格时几乎也是无法见到卖家的。这样，中介就能在不知不觉中赚取额外的差价。

3. 阴阳合同的欺诈手法

这种手法尤为恶劣，既欺骗买家又欺骗卖家，企图赚取两边的差价。他们依然会阻断你与卖家的直接接触。比如，你实际支付了200万，而卖家的底价是180万。中介却会告诉卖家你只肯出175万，并说服卖家接受这个价格。最终，买卖双方合同上的金额也会存在差异。在办理过户前，为了防止事情败露，中介会拿出一份新的合同，告诉买卖双方再写一份价格较低的合同，以少缴税款。同时，他们会提醒双方在房管局过户时，无论谁询问价格，都要按照这份低价合同上的说法来回答。

4. 倒卖房源以谋取利益

当中介发现有低价的房源时（同时他们手中有符合需求的客户），他们会直接联系业主，表示自己有购买意向。在交了定金后，中介就会

辑四　房子和票子
洞悉趋势，让财富滚雪球

开始寻找买家进行谈判。谈妥价格并收取定金后，他们会告诉真正的房主，自己的亲戚想买这套房源，希望房主能更改合同。这样，中介就可以继续进行下边的交易流程了。同时，中介也会告诉买家，在见到业主时要说和自己是亲戚关系。因为中介之前就是用这个理由跟业主谈价格，才使得对方降价。于是，中介轻而易举地就完成了房源的倒卖，不仅赚取了中介费，还至少能额外赚取数万元的倒卖差价。

第四，为了成交而采用的忽悠手法。

1. 用故事进行情感操控

在房产中介行业，流传着这样一句话："不会讲故事的房产中介，成不了销冠。"因此，在培训时，房产中介们都会被要求准备几个故事，以便在客户犹豫时讲述。这些故事通常以中介自己、同学或之前客户的买房经历为主题，而故事的结局往往是房子升值了，现在的生活过得很好。在讲故事时，他们还会让你猜测答案，将你带入故事情节中。听完这些故事，你大概率会认同他们的观点。不得不说，一些房产中介讲故事的功力，已经可以与大师相媲美了。

2. 堵死你的首次出价

几乎所有的中介都会在你首次出价后，毫不犹豫地拒绝你。他们会告诉你："这个价格业主是不可能同意的，前段时间有人出价比你还高，都没能卖成。"或者"对面楼上，前几天我们刚成交了一套，你这个价格业主很难接受。"值得注意的是，为什么所有中介都会这么做呢？因为他们都接受过统一的培训，这是他们学到的谈判策略之一：封杀双方的首次出价，并优先说服容易动摇的一方。

3. 营造紧张气氛，催促你交钱

这个套路在行业中被称为"逼定"或"促定"。他们通过营造紧张氛围，制造抢房的假象，让你感到紧张并最终决定购买。例如，当你被带去看一套二手房时，可能会有其他人扮演客户同时去看房。看完房后，中介会当着你的面和同事打电话唱双簧，谎称这套房子其他人也看了并想定下来，然后催促你先交定金。

辑五

生活博弈论

吃透关系的底层逻辑，
交往的本质就是价值互利

开窍 开悟 开智

第 9 章

点透爱情：
是什么让伴侣在一起，又是什么在破坏关系

同步价值观，关系稳定的核心

周海媚的离世，让许多人对她的第一段婚姻感慨万千。

当年，她与吕良伟的确情深意笃，但周海媚不愿局限于相夫教子的传统角色，无法满足吕良伟及其家人的价值期待；而吕良伟也无法给予周海媚所追求的自由与洒脱。当双方都无法满足彼此的核心需求时，这段婚姻仅维持了 8 个月便告终，也就不难理解了。

婚姻的长久，在于夫妻之间的价值匹配。看看吕良伟与现任妻子杨小娟的婚姻，便是一个生动的例子。在经历周海媚、邝美云两段失败感情之后，吕良伟又遭遇了投资失败的低谷。这时，他遇到了杨小娟，杨不仅帮助他还清债务，还在内地开展业务，共同积累了数十亿的财富。

辑五　生活博弈论
吃透关系的底层逻辑，交往的本质就是价值互利

杨小娟在婚后又为吕良伟诞下一子，超额满足了吕良伟对家庭的渴望。而吕良伟的帅气与专情，无疑也是女富豪杨小娟所欣赏的，因此他们的婚姻一直幸福美满。

或许有人会认为，频繁谈论价值显得过于世俗。然而，不可否认的是，价值匹配正是感情关系的核心所在。只有找到并维护共同的价值，婚姻关系才能长久且稳定。

不对等的付出，关系天平摇摇欲坠

当生活的重担单方面倾斜，价值的创造出现严重失衡时，关系的天平便会摇摇欲坠。付出较多的一方难免心生怨怼，指责与嫌弃的情绪悄然滋生，久而久之，这段关系便如同风雨中的残烛，终将熄灭。

知乎上曾有一个热门话题："女友对男友说，我负责美丽如花，你负责赚钱养家。这样的价值观正确吗？"其中，一个高赞回答引人深思："身为女性，我坚信男女平等，无论是赚钱还是顾家，都应由两人共同商议决定。我的丈夫也持相同观点。在我们家，他赚钱多，我赚钱少；他做家务少，我做家务多。但这并不妨碍我们关系的和谐，因为我们深知，价值的创造并非单一维度，而是多方面的贡献与付出。"这位网友的见

开窍　开悟　开智

解颇为透彻：赚钱多的一方，在家务上可适当减免；赚钱少的一方，则可在家务上多承担一些。这既体现了公平原则，更彰显了价值对等的智慧，唯有如此，关系方能历久弥新。

然而，生活中能拥有这份觉悟的人并不多见。很多时候，家庭生活的分工并非完全对等，但只要双方都能在各自的领域创造价值，为家庭付出，那么这段关系就仍有维系的可能。怕只怕，一方毫无价值可言，最终只能被生活的洪流所淘汰。

在电视剧《我的前半生》中，罗子君便是这样一个典型角色。当她被丈夫陈俊生抛弃时，众人纷纷指责陈俊生是个"渣男"。然而，深究其因，其实罗子君的结局早已注定。她如同寄生虫般的生活态度，已悄然侵蚀了她的灵魂。

她本可以拥有属于自己的事业，却选择在婚后沉沦于享福太太的角色，美其名曰是照顾孩子，实则家中保姆才是真正的忙碌者。她每日的"重任"便是无休止的购物，且偏爱大牌与奢侈品牌，肆意挥霍无度。

她将自己养成了一个中看不中用的瓷娃娃。而反观陈俊生，他始终在努力工作，赚钱养家，甚至经常加班至深夜。在生活层面上，陈俊生几乎承担了全家的经济重担，而罗子君对于家庭的贡献却几乎为零。一个全力付出，另一个却沉迷于享受。这种价值的严重不匹配，使得她被抛弃成了情理之中的事。看不清生活的本质，摆不正自己的位置，无法给予相应的价值，再深厚的感情也会被日常的琐碎消磨殆尽。一个负责赚钱养家，另一个则应当承担起照顾家庭的责任，而不仅仅是追求貌美如花。只有当双方都在为家庭付出时，才能赢得彼此的尊重，携手幸福地走下去。

好的关系，就是深知彼此的价值所在

有位女子，姿色八分，留学海外归来后，在家乡城市的电视台担任主持人，其父乃当地名流。她家境优渥，年轻貌美，学历出众，职业光鲜，实乃典型的白富美。众多人士为她牵线搭桥，介绍的对象多为当地的富二代男子。然而，她最终选择的伴侣却让众人大跌眼镜——其夫相貌平平，来自省内另一城市的小康之家。尽管周围人议论纷纷，认为她"下嫁"，而他"高攀"，但她对此却毫不在意，因为她对自己的选择深感满意，认为两人完全匹配。

这位女子有着独特的个性需求，她并不倾心于那些光鲜亮丽的富二代或官二代，她更看重的是男人的能力和才华。她的丈夫，名牌大学研究生毕业，曾任学生会主席，如今在当地重要部门任职。她夸赞丈夫成熟稳重，才华横溢，智商与情商俱佳，甚至她的父亲也对这位女婿赞不绝口。因此，她对自己的选择感到十分满意，从未觉得自己"下嫁"，而是遵循内心的需求，选择了自己认为更具价值的人生伴侣。

开窍 开悟 开智

在他们之间,价值是均衡的。丈夫的才华与潜力,在短期内或许并不被每个人所看见,但他们深知彼此的价值所在。

不懂提供情绪价值,爱情无疾而终

我的一位女性朋友最近刚刚分手,她坦言,分手并非一时冲动,而是源于诸多琐碎小事的累积,其中最难以忍受的是,男友再也无法为她提供所需的情绪价值。

每当她向男友诉说心事,得到的却是"你是不是想多了""多大点事啊"之类无关痛痒的回应,甚至带着几分指责,丝毫没有安慰之意,反而显得敷衍了事。相比之下,每当男友遭遇不顺,却会向她尽情倾诉,而她总是全盘接受,耐心安慰,设法让他开心。

她感到疲惫不堪,因为自己总是承受男友的负面情绪,却得不到正向的情绪滋养。在她心情低落时,男友敷衍以对;而在男友心情不佳时,她却总是陪伴在侧,给予安慰。

不得不说,她拥有高情绪价值,而男友却缺乏这一品质,这无疑成了她沉重的负担。如果男友能在她发泄负面情绪时,及时给予"我理解你"或"你已经做得很好了"这样的正向反馈,或许结局会截然不同。

辑五　生活博弈论
吃透关系的底层逻辑，交往的本质就是价值互利

在两性关系中，情绪价值的高低直接影响着婚姻的质量。

一段令人羡慕的感情，必定是双方共同经营的结果，他们擅长为彼此创造情绪价值。人皆有丰富的情感和情绪，若一方在委屈、伤心、痛苦时，另一方只是袖手旁观或指责埋怨，那么这段感情终将走向终结。

懂得情绪价值的人，会妥善管理自己的情绪，更重要的是，在对方情绪激动时，能接住对方的情绪，给予正向的反馈，这样才能紧紧抓住对方的心。在家庭生活中，如果夫妻双方都能照顾到对方的情绪，那么许多事情都将迎刃而解。

如何与有公众身份的人谈一场好恋爱

成为名人的伴侣，是许多人梦寐以求的愿景，但这绝非易事。名人的生活与普通人大相径庭，这要求你具备充分的心理准备和卓越的应对能力。

1. 尊重职业：名人的工作既艰辛又充满压力。你需要深入理解并支持他的职业选择，避免干涉其工作安排，更不应嫉妒其合作伙伴。

2. 守护隐私：名人的私生活常常受到公众的关注。你应避免给他带来不必要的困扰，如不在社交媒体上过度炫耀恩爱，不与其粉丝或黑粉

开窍　开悟　开智

发生任何冲突。

3.给予自由：名人的生活忙碌且多彩。你应尊重他的个人空间和社交圈子，不限制其交友范围，让他有足够的空间去享受生活。

4.自信自强：名人的魅力巨大，但你要保持自信，坚信他只爱你一个人。不要轻易怀疑或胡乱猜测，更不应因自卑而自暴自弃，要学会自信自强。

5.保持平衡：尽管名人光鲜亮丽，但他们也是普通人。你应与他保持平等和互相尊重的关系，既不过分迁就或崇拜，也不忽视或轻视。让他感受到你真诚的爱意，而非只是名利的追逐。

总之，与名人交往，你需要一颗宽容、成熟且坚韧的心，同时也需要具备一定的承受能力和适应能力。只有这样，你们的爱情才能在这个充满挑战的环境中茁壮成长。

长久的爱，要永远有初恋般的热情

婚姻之中，诸多纷扰与挑战的根源，往往可归结于新鲜感的悄然褪色。人们对于珍视之物，那份热忱与渴望，在不懈追求的征途上尤为鲜明，爱情亦不例外。在恋爱的甜蜜旋律中，我们以满腔的热情与迫切，

辑五　生活博弈论
吃透关系的底层逻辑，交往的本质就是价值互利

追逐着心仪的伴侣，然而，一旦步入婚姻的殿堂，那份炽热似乎便悄然降温，爱化作了日常的涓涓细流。

不妨让我们的心灵回归宁静，细细回味，自结婚以来，彼此间是否已不如恋爱时那般亲密无间，充满磁力？在内心深处，是否感受到曾经的爱情已悄然褪色，不复往昔？答案，或许早已在心中悄然浮现。

然而，爱情是否能在岁月的洗礼中重焕生机？这全然取决于我们是否愿意倾注心血，以深情厚谊去呵护与培育。爱情，犹如一株珍贵的兰花，并非仅仅植入婚姻的土壤便能安然无恙，它还需要我们夫妻双方如同园丁般，细心浇水、施肥、修剪，方能使其永葆初见的绚烂与芬芳。

事实上，只要心存爱意，婚姻便能如同陈年佳酿，历久弥香；爱情亦能穿越时空，恒久流传。你或许曾目睹这样的温馨画面：一对老人，在夕阳的余晖中手挽手漫步，他们的眼中闪烁着彼此的影子，你能断言他们之间已无爱情可言？

我们不应消极地面对婚姻生活，否则只会让平淡与乏味如影随形。爱情，这朵娇嫩的花蕾，若欲使其永葆青春活力，便需掌握保鲜的技艺，这是一门深奥而又值得用一生去探索的学问。让我们以一颗细腻敏感的心，去感知爱情的温度，以行动去浇灌这朵生命之花，让它在岁月的长河中绽放得更加绚烂多彩。

开窍　开悟　开智

即使你侬我侬，也要和而不同

　　情侣、夫妻间的矛盾冲突时常源于选择的不一致，这种不一致归根结底，是源于个体的差异性。

　　差异如同棱镜，折射出每个人独特的性格、观念与生活方式：年龄的差别带来阅历的不同，性别赋予个性以独特气质，思维习惯决定决策方式，生活经验塑造行为模式，家庭环境、教育背景，以及价值观如同繁星点点，共同构建了每个人的精神世界。

　　每一对恋人、夫妻都在这些差异中找寻平衡，但并非所有关系都会因差异而陷入矛盾冲突。一部分人懂得尊重、理解和接纳彼此的不同，他们在差异中寻找到和谐共存的可能性，甚至将原本可能激化的矛盾化解为促进感情升温的催化剂。

　　然而，也有一些情侣、夫妻不肯接受这种差异，他们沉浸在一种"如果你爱我，就必须与我完全一致"的幻想中，这种幻想源于电影、言情小说所描绘的爱情理想化场景，却忽视了现实生活的复杂多样。他们未能独立、成熟地面对彼此的差异，内心缺乏真正的包容和理解，导致关系易于因这些差异而产生裂痕。

　　要实现长久和谐的关系，必须学会接纳彼此的差异。唯有彼此尊重、理解并接纳这些不同，才能让关系更加稳固，避免因选择不一致而引发的种种冲突。简而言之，"让他成为他，你成为你"，在差异中寻找平衡，才能真正实现心灵的交融与和谐共处。

第 10 章

职场真相：耽误你的不是能力，而是工作方法

努力的结果，通常由选择决定

选择比努力更重要，选择正确的工作，比盲目努力更为关键。

若选错了工作，缺乏发展前景与晋升空间，即便付出再多努力，也难以攀登新的高峰，更无法实现个人层次的提升与人生的蜕变。

2013 年，人类学家大卫·格雷伯发表了一篇简短的文章，题为《论扯淡工作的现象》。2018 年，他将这一主题扩展成了一本完整的著作，即《扯淡工作》。此书在 2022 年推出了中文译本，名为《毫无意义的工作》。那么，我们来探讨一下，哪些工作对我们的人生而言，意义甚微。

1. 缺乏成长空间的工作

许多人偏爱安逸的生活，喜欢那种只需听从指示、无须独立思考、不需费太多心思的工作。

开窍　开悟　开智

　　这类工作之所以吸引人，是因为在工作过程中压力小、自在舒适。然而，这样的工作虽然轻松，但往往薪资也较低。实习期与多年工作后的薪资差距并不显著。

　　许多看似轻松的工作，实际上并无进步与发展的空间。而且，一眼就能看到尽头，缺乏成长空间的工作，很容易消磨人的斗志。

　　长期从事缺乏发展空间的工作，不仅难以获得高额的报酬，而且个人的竞争力也会逐渐减弱，容易面临社会的淘汰。

　　2. 透支健康的工作

　　我们努力工作，是为了让生活更加体面，为家人创造更高质量的生活环境。然而，许多人在追求财富的过程中却本末倒置，不惜以自己的健康为代价，去换取金钱，这无疑是最不明智的选择。

　　有些工作，长时间从事会对健康造成极大的损害。如果盲目追求金钱，不顾一切地拼命工作，最终失去了健康，那么即便拥有再多的财富也将变得毫无意义。

　　3. 缺乏成长，机械重复的工作

　　并非每一份工作都能带来成长。世间有许多工作都是机械重复的，每天重复着同样的动作，想要多赚一些钱，就只能延长工作时间。

　　订单多的时候靠加班来赚钱，订单少的时候工资就会相应减少。这种缺乏上升空间只靠机械重复的工作，会让人逐渐变得麻木，思维方式也会变得越来越简单，最终可能将自己培养成一个工作"机器人"。

　　在这样的工作中，付出精力和时间却得不到提升，很容易被社会淘汰。因此，如果想要赚钱，就应该找一份能够在学习中不断提升自我眼界和能力的工作。只有在工作中不断学习、提升自我，才能在未来获得更高的收入。

跟随一个好领导，更有机会大展身手

即便遇到再出色的领导，只有当你能够主动跟随并学习，才算真正遇到了职场上的贵人。若只是被动地接受领导的选择，那么或许就需要更多的运气成分了。

张倩毕业后踏入了一家互联网公司，然而，工作仅一年后，她却遭遇了莫名的边缘化。她被分配到的只是些琐碎的工作，而后上司以"产出未达预期"为由，她的绩效被刻意压低。日复一日的不顺心的工作，最终迫使张倩做出了辞职的决定。离职后，她才从昔日的同事那里得知，自己之所以被边缘化，是因为新来的领导需要为自己的团队成员腾出空间。

相比之下，与张倩同期入职的媛媛就幸运很多。媛媛在初入职场时便有幸遇到了合适的领导。在新人的光环下，她得到了充分的指导和支持，无论遇到何种困难，都有领导在前面为她遮风挡雨。因此，她能够毫无顾虑地勇往直前，一旦有好的想法和创意，便能够立即付诸

开窍　开悟　开智

实践。在这样一个优秀的团队中，加上有着一位乐于教导下属的领导，仅仅两年的时间，她的收入便实现了翻倍，顺利地步入了职场发展的新阶段。

对于初入职场的新手而言，很难在一开始就有意识地选择自己的领导。在这种情况下，专注于自己的本职工作，努力提升专业能力显得尤为重要。然而，长期依赖运气并非明智之举。如何将职场中的不确定性转化为确定性，是每位职场人士都必须面对的课题。

1. 主动选择领导的策略

利用人脉资源：在求职过程中，通过熟人内推并了解潜在岗位的情况，是一种既有效又可靠的方法。这有助于你更全面地了解岗位信息和企业文化。

进行深入背景调查：在求职时，进行详尽的背景调查至关重要。你可以利用社交平台搜集相关岗位负责人的信息，并从多维度收集企业现任员工和前任员工的评价，以便更全面地了解企业及其领导层。

面试中的主动提问：在面试过程中，提前准备并罗列你最关心的几个问题，通过"反面试"的方式向你的直属领导提问。通过了解对方对你任职岗位的期望和要求，你可以初步判断其领导风格是否与你相契合。

选择合适的领导和了解领导风格是否与你适配，与了解你的工作内容同样重要。遇到合适的领导，你的工作体验将更加愉悦，心理压力也会大大减轻。

2. 如何有效盘活领导资源

在职场中，那些能力出众、乐于培养人才、擅长管理、知人善用且

辑五　生活博弈论
吃透关系的底层逻辑，交往的本质就是价值互利

愿意放权的领导，无疑是最值得追随的。然而，即便有幸遇到了这样能力强的领导，也需要运用正确的方法，才能更好地赢得他们的信任。

这里有一份 DISC 理论（即人类行为语言理论），它可以帮助我们判断领导的风格，并指导我们如何与领导进行有效沟通。

D 型领导（结果导向型）：

风格特点：以解决问题为主，注重结果。

沟通策略：沟通时需明确简洁，有问必答，主动汇报，并带着结果去请示领导。

相处之道：需具备较强的抗压能力。

I 型领导（影响型领导）：

风格特点：友善，喜欢影响而非掌控他人，强调互动和沟通，需要认可。

沟通策略：需展现自我管理能力，明确工作重点并充分思考，将工作计划贯彻到底。

相处之道：积极互动，给予认可。

S 型领导（稳健型领导）：

风格特点：注重程序和逻辑性，擅长分析思考，讲究细节。

沟通策略：需灵活应变，如能主动承担人际交往工作，会更得领导欣赏。

相处之道：注重细节，遵循程序。

C 型领导（配合型领导）：

风格特点：讲究做事精准。

沟通策略：需更加注重细节，提供明确的规划和完善的数据资料供

开窍　开悟　开智

其决策。

相处之道：做到精准认真，注重配合。

在职场中，与其被动选择、靠运气跟对人，不如学会识人和跟人，主动出击！通过运用 DISC 理论，我们可以更加科学地判断和适应不同领导的风格，从而更有效地盘活领导资源。

不可莽撞做事，记住该守的规矩

1.如果你不小心捅了大娄子，平日里与你交情深厚的领导，若第一时间先于公司及上级对你采取严厉措施，这实则是抢先一步保护你。

2.凡是那些给你升职、给你面子，且与你开诚布公讨论利益分配的领导，无疑是将你视为心腹。

3.如果领导仅在公开场合对你赞不绝口，私下却与你无甚交往，这往往是利用你来敲打他人，并非真心赏识你。

4.确立自己的支撑点至关重要。正如背靠大树好乘凉，职场内虽不宜明确站队，但必须寻得一个依靠，关键时刻有领导愿为你发声，并借此构建自己的人脉网络。

5.身处重要岗位时，他人对你的巴结，并非源于你的个人魅力，而

辑五　生活博弈论
吃透关系的底层逻辑，交往的本质就是价值互利

是因为你掌握着他们所需的资源。奉承之声越盛，潜在风险越大，务必保持警惕。

6. 切勿轻易对领导发牢骚。言多必失，即便对领导心存不满，也需隐忍不言，更不可与所谓密友议论。职场无秘密可言，若想保密，唯有不言。他人议论领导时，同样应该保持沉默。

7. 中层领导既是你晋升的上限也是跳板，彼此间难以真心相待；而高层领导则是你晋升的助推器与助力者，你们需共同构建利益共同体。

8. 在单位里，务必注意避免抢话，这虽不算得罪，但绝对会让人觉得特别不悦。尤其是那种一开始便滔滔不绝，且无论什么话题都能扯到自己身上的人，更要谨言慎行。

9. 女领导绝对不容小觑。

10. 无论是开会还是被叫到领导办公室，一定要随身携带纸和笔。

11. 工作时要留下痕迹，凡事都要有证据，文件复印件或聊天记录均可作为凭证。

12. 多请示、多汇报，领导或许嘴上会嫌你烦，但隐瞒不报，领导一定会对你产生厌恶。

13. 当你不确定该说什么时，就保持沉默；当你拿不准该做什么时，就暂且不做。

14. 与同事交往时，说话要留有余地，不可轻易全盘托出。

15. 不管谁问，都可以回答："今天很忙，很辛苦。"

16. 对每个人都保持客气，包括保洁大姐和门卫大叔。

17. 一定要多听多看，因为有些东西并不是有人教会的，而是通过

观察学会的。

18. 尽量多在单位食堂吃饭，因为那里是交换信息的好地方。

19. 在任何地方，说话都要谨慎，因为隔墙可能有耳。

20. 不要因为职场事务与同事撕破脸皮，除非对方切实损害了你的利益，切记，工作的首要目标是获取报酬。

21. 领导所承诺之事，若未至兑现之时，切勿轻易信服，因为"画饼充饥"乃是领导之常规手段。

22. 领导若与你称兄道弟，实则是希望你更加卖力工作，然而你需明辨是非，不可真将领导视为兄弟，混淆了自己的角色与定位。

做人要灵活一点，知进知退

庄子早在两千年前便深刻洞察了人类社会运行的内在规律。

在《庄子·山木》篇中，庄子带领学生上山游学，偶遇农民砍伐树木，便向学生发问：被砍的树有何共同之处？学生回应：这些树因材质优良，常被用作房梁或造船。庄子接着询问：为何旁边一棵大树却未被砍伐？学生答道：那是一棵臭椿树，纹理也不美观。庄子于是指出，成材者遭砍伐，不成材者却能得以保全。学生领悟：我们应收敛锋芒，以

辑五　生活博弈论
吃透关系的底层逻辑，交往的本质就是价值互利

免如"鞭打快牛"般受累。然而，庄子却表示，这只是理解了一半。

傍晚时分，他们在一户农舍用餐，农舍主人欲杀鹅款待，追着鹅群奔跑，但门口一只大鹅却安然自若，既不逃跑也不躲藏。学生好奇询问为何留下这只鹅，主人笑道：此鹅叫声悦耳，有如高山流水之音。庄子借此向学生提问：你看，为何有才能者被留下，无能者则被淘汰？学生以为领悟，认为必须有才干，否则将被淘汰。但庄子进一步追问：这与之前砍树的结论似乎相矛盾，究竟该如何理解？学生陷入困惑。庄子解释道：有个成语叫"龙蛇之变"，意指在时机成熟时应如龙般腾飞，展现才华于万里之外。然而，若遇天地大旱，则应化身为蛇，潜藏于草丛之中，与蚯蚓、蚂蚁为伍，安居洞穴，吞食卑微之食。

这一哲理在职场上尤为适用，有个词叫"木雁之间"，意指遇到喜欢"砍树"的领导时，便收敛锋芒；而遇到欣赏"杀雁"的领导，则尽情展示才华。根据周遭环境与领导风格的差异灵活应对，这便是"龙蛇之变"与"木雁之间"的智慧。

那么，该如何与领导相处呢？

1. 洞察秋毫，顺应时势

你需时刻揣摩领导的意图，并巧妙利用这些意图来实现自己的目标。每位领导的喜好各异，且在不同阶段其意图也会发生变化。这就要求你具备敏锐的洞察力，懂得察言观色，并能随机应变。

2. 保持谦逊，低调行事

人们往往对陌生人的成功无动于衷，但对身边人的成功却心生嫉妒。这是为何？因为你若表现出色，便可能抢占他人的机会。当你成功

时，他们可能会感到被威胁，从而联手排斥你。因此，做事时一定要保持低调，即便取得成就，也切莫张扬。吃肉可以，但切勿吧唧嘴。

3. 能力强，但心态需稳

细心观察，你会发现那些能力强的人往往自负、高傲且强势，甚至与领导交谈时也毫不客气。如此张扬，领导内心岂能舒坦？一旦领导腾出手来，岂能不对你进行"秋后算账"？白起与年羹尧的命运便是明证。

4. 心中有数，避免功高震主

你且看，皇帝登基后的首要之事往往是铲除功臣。能力越强，下场往往越惨。皇帝在位时，功臣如利器在手，助其攻打敌国。但一旦未来皇帝的子嗣接班，这些功臣是否还能如此听话？因此，为了接班人，皇帝必先除功臣。

5. 明哲保身，适时而退

领导对自己的"心腹"也存在蜜月期。初时，彼此新鲜，如胶似漆。但时间一长，了解加深，便如嚼久的泡泡糖，失去了味道。当领导有了新欢，对你的态度便会逐渐冷淡。若此时你还不识趣地离开，领导可能会翻脸不认人。因此，你需学会明哲保身，适时而退。

6. 进退有度，张弛有道

若领导私下对你表示夸赞，简单致谢即可，无须过多遐想。若领导在公共场合称赞你，私下却严厉批评，切勿动怒，这实则是他对你的真切关心。若领导平时频繁表扬你，但在晋升时却将你搁置一旁，此时你应认真反思，自己是否已久未与领导进行深入的单独沟通了。

工作别怕犯错，错误是成长的机会

因恐惧犯错，人们时常怯于追求内心真正的渴望，这在职场中尤为普遍。

有些人脑子里充满各种想法与创意，却缺乏付诸实践的勇气，总是在那里反复思量——这样做，我会不会犯错？若我迈出这一步，是否会遭受领导的责备，是否会给自己的职业生涯带来毁灭性的打击？

然而，若我们始终如此犹豫不决，因为害怕犯错而裹足不前，才是真正给自己的职业生涯判了死刑。毕竟，在新人阶段，若不犯错、不总结经验、不接受教训，又怎能在职场里茁壮成长？须知，比犯错更可怕的，是因害怕犯错而一事无成。

在职场里，不必惧怕犯错，真正可怕的是不知错在何处，更可怕的是犯错后无人指正，甚至因此一蹶不振。

职场中的错误并非末日，关键在于我们如何应对。通过实际行动，逐步弥补失误带来的负面影响，不仅能展现我们的开放心态与对工作的重视，还能帮助我们迅速从工作失误中恢复过来。

开窍　开悟　开智

精进的前提，是比别人多一点付出

若渴望生活与工作为我们带来回馈，首要之事便是学会付出与投入。成功之路，无不是脚踏实地，步步为营，由个人不懈奋斗铺就而成。那些成功者所赢得的辉煌成就，并非上天独有的恩赐，而是他们比常人更为坚韧不拔，倾注了更多的心血与汗水所换来的成果。

实则，上天对大多数人都是公平的，除了极少数天赋异禀的"天才"，我们大多数人的智慧、才华与能力都相去不远。真正的差异，在于我们对待工作的态度。那些将工作视为使命，全心全意投入的人，无论面临何种艰难险阻，或是地雷密布，或是万丈深渊，都会毫不犹豫，勇往直前，直至斩获胜利。

而那些轻视工作，吝啬于付出丝毫努力的人，即便才华横溢，也只能在职场里匆匆掠过，留下一抹淡淡的影子。

但投入并非仅仅是一点一滴，而是需要倾注全部精力、心思与智慧；投入也并非盲目地"苦干"，它还需要与敏锐、机智、效率并肩同行；投入更非仅仅为了付出，而是为了收获。唯有当产出超越投入时，我们的投入才显得更有价值。